アパレル業界 日中韓英 対訳ワードブック

Apparel Industry Wordbook in Four Languages

일중한 어패럴업계 대역 워드북

日中韩英服装业界直译词典

村尾康子・編

東京堂出版

はじめに

　アパレル産業の構造変化にしたがって、海外に生産基地を移行する傾向が増加している昨今、本来ならば日本国内だけで仕事をしていた人たちが、ある日突然海外出張や海外駐在を任命される時代になった。

　書店には「ファッションビジネスの基礎用語辞典」「服飾用語辞典」等々、数万語に及ぶ精密な用語を網羅した立派な辞典が数多く並んでいるが、日々の業務には持ち歩くには重過ぎるし、必要な用語を見つけるのにも時間がかかりすぎる。出張先の限られた時間の中で、たった一つの用語がわからないために、商談が停滞した経験はだれでも持っている。

　そこで数年前に「日中英・アパレル業界用語対訳ハンドブック」という3か国語の対訳用語集の小冊子を刊行したところ、望外の反響を呼び、皆さんに喜んでもらえた。と同時に読者より、最近の業界状況からして、韓国語を対訳の中に入れてほしい旨の要望が相次ぎ、その要望に応えるべく準備を進めてきた。

　本書は、編者の過去10年に及ぶ海外駐在時代とその後数年間の頻繁な海外出張の間に、折にふれて少しずつメモした単語を基に、多くの海外ビジネスの経験者の意見を参考にしながらまとめたものである。本書では韓国語のみならず、用語数も大幅に追加し、索引を充実させ、より使いやすいものになったと確信して

いる。

　本書は辞典ではなく、アパレル業界で常用されている日本語（外来語を含む）の専門用語の中から、使用頻度の高いものをピックアップし、日本語、中国語、韓国語、英語の４か国語に置き換えて対訳表にした業界用語集である。したがって、業界で習慣的に使用されている言葉については、言語学的には正しいことばの使い方でない場合、また地域や業種によって使われ方が異なる場合もあるが、あえてそのまま使用してある。

　特に中国語については、北京語、上海語、広東語、台湾、その他各地方によって使われ方が違っているが、なるべく標準漢語を使用するように心がけた。

　①使いやすく②コンパクトに（ハンディに）③専門業種別に④業務の作業順序別に、の４項目を用語抽出の基本とし、たとえ日本語以外の言葉を話せない人であっても、専門家同士必要な用語を指さすだけでコミュニケーションがスムースになることを目的とした。

　業界の常用語であること、外来語が多いこと、地域によって使われ方が異なることなど、単語によっては最適でない対訳もあろうかと思うが、これはひとえに著者の研究不足として深くお詫び申し上げる。

　なお本書中、縫製工場・生産関係用語、工場生産管理用語については、Ｅ２リサーチの河内保二氏（日・英）、韓国語については韓国ファッション研究所理事

の孔錫鵬氏、インナーウェアー用語はネオプランの中村実男氏(日・韓)にご協力をいただいた。また執筆に関しては、カラー&カラーの市川秀子氏、オッジ・インターナショナルの黒川雅之氏、廬光亮氏、常雪鴻氏、董美善さんにさまざまなアドバイスとご協力をいただいた。ここに記してお礼を申し上げる。

　　　２００２年１月　　　　　　　　　カン・インターナショナル　村尾康子

本書の構成と使い方

・本書の構成は、アパレル業界の方が主に中国語・韓国語を使用される地域で、繊維関係のビジネスを進めて行く場合を想定して項目を設定している。
・最初に目次より必要な項目を選んでいただければ、その項目ごとに必要と思われる単語を数頁にまとめてある。
・したがって、多くの場面でよく使われるある種の単語（例えば原料、加工指図書、サンプルなど）については、探す手間を省くために、各項目に重複して掲載している。
・例えば一般的な商談の場合には、［Ｉ］一般商談用語　の項目を見ながら話を進め、具体的な話に進展すれば、ニットであれば［Ｘ］ニット関係用語、布帛製品であれば［Ｖ］布帛製品用語の項目を見ながら商談を進める。
・また項目に関係なく単語を調べる場合には、巻末の全単語の５０音索引を利用すると便利である。
・なお、用語解説中の（日）は和製語を示す。
・巻末に挿入してあるニット仕様書と縫製指図書、ＦＡＸ例文はごく基本的なもので、参考程度にお使いいただければと思っている。

目　　次

はじめに
本書の構成と使い方

☆用語集

[Ⅰ]　一般商談用語
　　商談用語 ··· 1
　　貿易用語 ··· 18
　　国名（地域名）・通貨 ··· 23

[Ⅱ]　表示・検査用語
　　表示類用語 ··· 28
　　試験検査用語 ··· 29

品質用語 ·· 30

[Ⅲ] サイズ用語
サイズ用語 ·· 33

[Ⅳ] 布帛原料関係用語
布帛原料用語 ·· 39

特種加工・整理用語 ·· 46

生地名 ·· 51

ニット生地名 ·· 56

毛皮・皮革用語 ·· 58

[Ⅴ] 布帛製品用語
布帛アイテム用語

 レディスウェア ·· 61

 メンズウェア ·· 65

 カジュアルウェア ······································ 67

製品ディテール用語

 衿・ネックライン ······································ 70

 袖 ·· 74

 ポケット ·· 77

　　　　　身　頃 ……………………………………………………… 79
　　　　　パンツ ……………………………………………………… 81
[Ⅵ] **布帛製品関係検品用語**
　　　検品　欠陥用語
　　　　　生地・原料 ………………………………………………… 83
　　　　　製　品 ……………………………………………………… 87
　　　　　縫　製 ……………………………………………………… 94
[Ⅶ] **パターン用語**
　　　パターン用語 ………………………………………………… 97
　　　パターン記号 ………………………………………………… 106
　　　裁断指図書 …………………………………………………… 113
[Ⅷ] **デザイン企画関係用語**
　　　デザイン企画用語 …………………………………………… 116
　　　コンセプト用語 ……………………………………………… 119
[Ⅸ] **カラー関係用語**
　　　カラー一般用語 ……………………………………………… 125
　　　色　名 ………………………………………………………… 128

[X] ニット関係用語

- ニット一般用語 ……………………………………………… 132
- ニット編み地用語 …………………………………………… 136
- ニット原料用語 ……………………………………………… 141
- 付属品用語 …………………………………………………… 145
- スタイル・アイテム ………………………………………… 149

[XI] ニット検品・生産関係用語

- ニット検品・欠陥用語 ……………………………………… 151
- ニット生産工程用語 ………………………………………… 157

[XII] インナーウェア・レッグウェア関係用語

- インナー関係用語
  - インナーウェア ………………………………………… 163
  - インナー素材用語 ……………………………………… 167
- 肌着関係用語 ………………………………………………… 172
- 肌着用編み地・機械用語 …………………………………… 174
- レッグ・ウェア関係用語 …………………………………… 175
- 靴下関係用語 ………………………………………………… 177

[XIII] 縫製工場・生産関係用語

- 縫製品生産工程用語 ································ 179
- パーツ縫製工程用語 ································ 182
- 縫製作業用語 ······································ 183
- ミシン関係用語
    - ミシン ·· 195
    - ミシン送り機構 ································ 198
    - ミシンパーツ ·································· 199
    - アタッチメント ································ 201
    - 縫製機器 ······································ 202

[XIV] 工業生産管理用語（I/E）

- 工場管理 ·· 205
- 生産管理 ·· 207
- 縫製システム ······································ 213
- 賃　金 ·· 215
- 関連用語 ·· 216

[XV] 海外出張用語

- 出張関連用語 ······································ 219

☆ 付録

　　加工指図書（ニット用）日・中・韓・英 ･･････････････････228

　　縫製指図書（布帛用）日・中・韓・英 ･･････････････････････232

　　簡単なFAX例文（日・中・韓・英）･･････････････････････237

☆ 索引（５０音）･･･255

[Ⅰ] 一般商談用語

商談用語	接洽用语	상용 용어〔サンヨン ヨンオ〕	words for business
商談	洽谈（业务）	상담〔サンダム〕	business talk, business negotiation
アパレルメーカー	服装厂商	의류 제조업체〔ウィリュ チェジョオプチェ〕	fashion apparel maker
バイヤー〔買い手〕	客户	바이어〔バイオ〕	buyer, vender, purchaser
商社〔エージェント〕	商社，代理商	상사〔サンサ〕, 대리점〔テリジョム〕	trading company, agent
工場	工厂	공장〔コンジャン〕	factory
メーカー	制造商，厂商	제조업체〔チェジョオプチェ〕, 메이커〔メイコ〕	apparel manufacturer
縫製メーカー	制造商	봉제업체〔ポンジェオプチェ〕	apparel manufacturer
消費者	用户，使用者	소비자〔ソビジャ〕	end users
コンシューマー	消费者	소비자〔ソビジャ〕	consumer
エンドユーザー	消费者	소비자〔ソビジャ〕	end user

2　商談用語

視察〔参観〕	参观	시찰〔シチャル〕, 방문〔パンムン〕	visit, inspect
アポイント	预约, 约定	약속〔ヤクソク〕, 예약〔イェヤク〕	appointment
スケジュール	日程, 时间表	스케줄〔スケジュル〕	schedule
電話	电话	전화〔チョナ〕	telephone
ファックス	传真	팩시밀리〔ペクシミルリ〕, 팩스〔ペクス〕	fax, facsimile
テレックス	电传	텔렉스〔テルレクス〕	telex
Eメール	E信, 电子信	E메일〔Eメイル〕	e-mail
ブランド	商标, 牌子, 品牌	상표〔サンピョ〕, 브랜드〔ブレンドゥ〕	brand
発注	订货, 下单子	주문〔チュムン〕	order
オーダー	订货	오더〔オド〕, 주문〔チュムン〕	order
発注書	订单	주문서〔チュムンソ〕	order sheet
追加発注	追加订货, 加订	추가 주문〔チュガ チュムン〕	re order, additional order
担当者	经办人, 负责人	담당자〔タムタンジャ〕	a person in charge
MD	商品计划负责人	머천다이저〔モチョンダイジョ〕	merchandiser
契約	合同, 合约, 定签	계약〔ケヤク〕	contract

[Ⅰ] 一般商談用語

商品種名	品种，货种	상품명〔サンプムミョン〕	commodity, item
アイテム	品种，货种	상품명〔サンプムミョン〕	commodity, item
品番	品号，货号	품질번호〔プムジルボノ〕	item number, style No.
原料	原料	원료〔ウォンリョ〕	material
原料（付属込み）	包括原料・辅料	원자재〔ウォンジャジェ〕・부자재 포함〔ブジャジェ ポハム〕	including material & accessory (trimming)
原料持ち込み	客供原料，来料	제공 원료〔チェゴン ウォンリョ〕	buyers material
現地調達	现场置办，当地原料	현지조달〔ヒョンジチョダル〕	local contents
付属持ち込み	客供辅料	제공 부자재〔チェゴン プジャジェ〕	customers accessory
納期	交货期	납기〔ナプキ〕	delivery time
デッドライン	期限	데드라인〔デドゥライン〕	dead line
現物納期	大量交货期	대량납품〔テリャンナップム〕，전량납품〔チョンリャンナップム〕	bluk delivery
布帛縫製品	布料成衣，缝制品	직물제 의류〔チンムルジェ ウィリュ〕	fabric garments
生地	布料，面料	생지〔センジ〕	fabric
生地組織	织物结构	생지 조직〔センジ チョジク〕	fabric construction
公称番手	公定纱支，公定支数	공칭 번수〔コンチン ボンス〕	nominal number

4 商談用語

ニット製品	针织品	니트 제품〔ニットゥ チェプム〕	knit wear
糸種	纱线种类	실 종류〔シル チョンニュ〕	yarn type
糸番手	纱支数	실 번수〔シル ボンス〕	yarn count
ニット機種	编织机型	편성기종〔ピョンソンキジョン〕	knitting machine type
編み地	针织组织	편성지〔ピョンソンジ〕	knitting structure
ゲージ	针型密度	게이지〔ゲイジ〕	gauge
手工業	手工业，手工艺	수공업〔スゴンオプ〕	craft industry
品質	质量，品质	품질〔プムジル〕	quality, composition
ロット	批量，批，群，组	롯드〔ロットゥ〕	lot
ミニマムロット	最少生产批量，起定量	최소 롯드〔チェソ ロットゥ〕	minimum lot, minimum quantity
染めロット	染批量	염색 롯드〔ヨムセク ロットゥ〕	dyeing lot
織りロット	织批量	제직 롯드〔チェジク ロットゥ〕	weaving lot
プリントロット	印花起定量	프린트 롯드〔プリントゥ ロットゥ〕	printing lot
価格	价格，单价	가격〔カギョク〕	price
属工	辅料及工资	CMT	cutting, making & trimming

[I] 一般商談用語

C M T	辅料及工资	CMT	cutting, making & trimming
後加工	后加工	마무리 가공〔マムリ　カゴン〕	final process
FOB価格	船上交货价格, 离岸价格	FOB가격〔FOB カギョク〕	FOB price (free on board)
CIF価格	到岸价格, 包括成本・保险费及运费	CIF가격〔CIF カギョク〕	CIF price (cost, insurance and freight)
C＆F価格	离岸加运费价格	C＆F가격〔C＆F カギョク〕	C & F price (cost and freight)
売上高	销售额	매출액〔メチュルエク〕, 매상〔メサン〕	sale amount
売掛金	赊销额	미수금〔ミスグム〕	accounts receivable
小切手	支票	수표〔スピョ〕	check
生産コスト	加工费, 加工成本	생산 코스트〔センサン　コストゥ〕	cost of production
ピースレート	计件工资	피스레이트〔ピスレイトゥ〕	piece rate
量産	大批, 大量生产	대량 생산〔テリャン　センサン〕	in bulk
多品種・少ロット	多品种・小批量	다품종・소롯드〔タプムジョン・ソロットゥ〕	multi-items small lot
日産	日产量	일산〔イルサン〕	daily output

6　商談用語

月産	月产量	월산〔ウォルサン〕	monthly output
生産期間	生产期间	생산 기간〔センサン　キガン〕	production period
生産スペース	生产余力，生产工时	생산 스페이스〔センサン　スペイス〕	production space
ピース〔枚〕	件	피스〔ピス〕	piece
ダース	打	타〔タ〕(打)，다즌〔ダジュン〕	dozen
加工指図書	加工规格单	가공 지시서〔カゴン　チシソ〕	work sheet, instruction, specification
仕様書	规格说明书	봉제설명서〔ポンジェソルミョンソ〕，지시서〔チシソ〕	specification
サンプル	样品	견본〔キョンボン〕，샘플〔セムプル〕	sample
ファーストサンプル	初样	첫샘플〔チョッセムプル〕	first sample, proto type
修正サンプル	修正样	수정 샘플〔スジョン　セムプル〕	correct sample
確認サンプル	确认样	확인 샘플〔ファギン　セムプル〕	approval sample
展示会サンプル	展样	전시회 샘플〔チョンシフェ　セムプル〕	salesman sample
工場サンプル	工厂存样	공장 샘플〔コンジャン　セムプル〕	keep sample
各色サンプル	各色样品	각색상 샘플〔カクセクサン　セムプル〕	each color sample
単品商品	单样商品，单件商品	단품 상품〔タンプム　サンプム〕	single item liner

[Ⅰ] 一般商談用語　7

パターン	纸样，纸板	패턴〔ペトン〕	pattern
コーディネート商品	配套商品	코디네이트 상품〔コディネイトゥ サンプム〕	coordination
定番商品	基本商品，重点商品	기본 상품〔キボン　サンプム〕	basic item, staple item
カラー	颜色	컬러〔コルロ〕	color
配色	配色	배색〔ペセク〕	color matching, color co-ordination
色なれ	拼色	구색〔クセク〕	color assort
カラー・アソート	拼色	구색〔クセク〕	color assort
アソートメント	分类组合	어소트먼트〔オソトゥモントゥ〕	assortment
ビーカー	色样，烧杯染色	비커〔ビコ〕	beaker test (lab-dip)
ビーカー依頼	委托打色样	비커 테스트〔ビコテストゥ〕	apply beaker test
ビーカー確認	色样确认	비커 테스트 확인〔ビコテストゥ ファギン〕	confirm beaker (lab-dip)
マス（織り）	织样，包袱样	블랭킷 견본〔ブルレンキッ　キョンボン〕	sample blanket
マス　（プリント）	打样（印花）	프린트 견본〔プリントゥ　キョンボン〕	strike off (s/f)

8 商談用語

編み地見本	织编样，胚布样片	편성지 견본〔ピョンソンジ キョンボン〕	sample knitting
スワッチ	小块样布	스워치〔スウォッチ〕	swatch
サンプル依頼	订样品	샘플 주문〔セムプル チュムン〕	sample order
サンプル確認	样品确认	샘플 체킹〔セムプル チェッキン〕	sample checking
付属	附件，辅料，零件	부속〔プソク〕，부자재〔プジャジェ〕	findings
製品仕入れ	成品购买	제품 납품〔チェプム ナップム〕	purchase
委託加工	委托加工	위탁 가공〔ウィタク カゴン〕	processing deal contract
下請け工場	代工厂	하청 공장〔ハチョン コンジャン〕	contract factory
サブコン〔外注〕	外加工，转契加工	외주 가공〔ウェジュ カゴン〕	subcontract
ロス	消耗，耗	로스〔ロス〕	loss
棚卸し	盘存	월말 재고 조사〔ウォルマル チェゴ チョサ〕	inventory stock taking
専用ライン	专用生产	전용 라인〔チョニョン ライン〕	monopolized line
加工組立産業	装配加工产业	조립가공 상업〔チョリプカゴン サノプ〕	knocked down
原料（未加工）	原料（未加工）	원자재〔ウォンジャジェ〕	raw material, raw stock

[Ⅰ] 一般商談用語　9

原料製品化	深加工，精加工	원료 제품화〔ウォンリョ　チェプムファ〕	end products with local materials
ＯＥＭ	客戸商標生産	ＯＥＭ	OEM, original equipment manufacturing label
モノポリ	独专品，专卖品	독점〔トクチョム〕	monopoly
ストアブランド	商店品牌	스토어 브랜드〔ストオ　ブレンドゥ〕	store brand
最終製品	成品	최종 제품〔チェジョン　チェプム〕	end products
直接費	直接費用	직접 경비〔チクチョプ　キョンビ〕	direct cost
間接費	間接費用	간접 경비〔カンジョプ　キョンビ〕	overhead cost
営業費	営业費	운영비〔ウニョンビ〕，영업비〔ヨンオプピ〕	operating expenses
半製品	半成品	반제품〔パンジェプム〕	product in half process
仕掛り品	在制品	재공품〔チェゴンプム〕	stock in process
在庫	庫存	재고〔チェゴ〕	stock
収益率	收益率	수익률〔スインニュル〕	profit ratio
純利益	純利	순이익〔スンイイク〕	net profit
粗利益	总利，毛利	총이익〔チョンイイク〕	gross profit

10　商談用語

損益分岐点	损益分岐点	손익 분기점〔ソニク　ブンギジョム〕	break-even point
商品回転率	商品回转率	상품 회전률〔サンプム　フェジョンリュル〕	commodity cycle ratio
機会損失	机会损失	기회 선실〔キフェ　ソンシル〕	opportunity loss
減価償却	折旧	감가상각〔カムガサンガク〕	depreciation
歩留まり	收得率	수득율〔スドゥンニュル〕	yield
最終工程	最终工艺	최종 공정〔チェジョン　コンジョン〕	final process
仕上げ	后整理	마무리〔マムリ〕	finishing
検品	验货	검사〔コムサ〕	inspection
中間検品	中间验货	중간 검사〔チュンガン　コムサ〕	inspection in process
ロットサンプル	批样（一批中抽出的试样）	롯드 샘플〔ロットゥ　セムプル〕	lot sample
抜き取り検品	抽查，随取验货	발췌 검사〔パルチェ　コムサ〕	inspection at random
縫製不良	缝制不良	봉제 불량〔ポンジェ　プルリャン〕	sewing defect
直し	修正，修改	수정〔スジョン〕	remaking
確認（待ち）	（等）确认	확인〔ファギン〕（확인을 기다림〔ファギヌル　キダリム〕）	(waiting) confirmation

[I] 一般商談用語　11

連絡（待ち）	（等）联络	연락〔ヨンラク〕（연락을 기다림〔ヨンラグル　キダリム〕）	(waiting) contact
コミュニケーション	传达，联络，通信	커뮤니케이션〔コミュニケイション〕，통신〔トンシン〕	communication
最終決定	最后决定	최종 결정〔チェジョン　キョルチョン〕	final decide
百貨店	百货公司	백화점〔ペックァジョム〕	department store
量販店	超级市场	슈퍼마켓〔シュポマケッ〕，양판점〔ヤンパンジョム〕	supper market
専門店	专门店	전문점〔チョンムンジョム〕	speciality store
チェーン店	连锁店	체인점〔チェインジョム〕	chain store
ブティック	服饰店，服装店	쁘틱〔プティック〕	boutique
駅ビル	车站商业大楼	역빌딩〔ヨクビルディン〕，스테이션 빌딩〔ステイション　ビルディン〕	station building
通販〔メールオーダー〕	邮购，邮售商店	통신 판매〔トンシン　パンメ〕	mail-order house
無店舗販売	通信贩买	무점포 판매〔ムジョンポ　パンメ〕	non store retailing
訪問販売	访问贩买	방문 판매〔パンムン　パンメ〕	visiting sales

12　商談用語

ＳＰＡ	生产直销	SPA, 제조 판매업〔チェジョ　パンメオプ〕	speciality store retailer of private label
ショッピングセンター	购买中心	쇼핑센터〔ショピンセント〕	shopping center
ショッピングモール	购买街	쇼핑몰〔ショピンモル〕	shopping mall
基幹店〔旗艦店〕	旗舰店，基本店	기반점〔キバンジョム〕, 프래그 숍〔プレグ　ショプ〕	flag shop
フラッグストア	旗舰店	기반점〔キバンジョム〕, 프래그 숍〔プレグ　ショプ〕	flag store
ダイレクト・マーケティング	直销	다이렉트 마케팅〔ダイレクトゥ　マケティン〕	direct marketing
カタログ販売	目录贩买	카탈로그 판매〔カタログ　パンメ〕	catalog sealer
卸売業	批发商	소매업〔ソメオプ〕	whole sealer
フランチャイズ	加盟店	가맹점〔カメンジョム〕, 프랜차이즈〔プレンチャイジュ〕	franchise
郊外店	郊外店	노면점〔ノミョンジョム〕, 교외점〔キョウェジョム〕	road side store
アウトレット	放出店	아웃렛〔アウッレッ〕	outlet
テレビ・ショッピング	电视购买	ＴＶ쇼핑〔ＴＶショピン〕	TV shopping

インターネット・ショッピング	因特网购买　国际网路购买	인터넷 쇼핑〔イントネッ　ショピン〕	inter-net shopping
バーチャル・ショップ	假想店（电脑上）	가상점포〔カサンジョムポ〕, 바찰 숍〔ボチュオル　ショプ〕	virtual shop
イン・ショップ	店内店	인 숍〔イン　ショップ〕	in shop
サプライ・チェーン	供给连锁	서프라이 체인〔ソプライ　チェイン〕	supply chain
FC	加盟店	가맹점〔カメンジョム〕, 프랜차이즈〔プレンチャイジュ〕	franchise
コンバーター	中间商，换流器	컨버터〔コンボト〕	converter
デベロッパー	开发公司	개발자〔ケバルジャ〕, 디벨로퍼〔ディベルロポ〕	developer
GMS	总合大型店	대형점〔テヒョンジョム〕	GMS
オフプライス・ストア	离价贩买店	할인점〔ハリンジョム〕	off price store
アンテナ・ショップ	触角店	안테나 숍〔アンテナ　ショップ〕	antenna shop
共同仕入れ	联合采购	공동사입〔コンドン　サイプ〕	joint buying
ロイヤリティ	佣金，专利费	로열티〔ロヨルティ〕	royalty
インポーター	进口商	수입 업자〔スイプ　オプチャ〕	importer

14 商談用語

ライセンシー	执照	라이센시〔ライセンシ〕	licensee
インポートブランド	进口品牌	수입 브랜드〔スイプ ブレンドゥ〕	import brand
技術指導	技术指导	기술지도〔キスル チド〕	technical advice
スペシャリスト	专家	스페셜리스트〔スペショルリストゥ〕, 전문가〔チョンムンガ〕	specialist
国内需要	当地售, 国内需要	국내 수요〔クンネ スヨ〕	local demand
コア・アイテム	核心品种	핵심 아이템〔ヘクシムナイテム〕	core item
仮需要	预测需要	가수요〔カスヨ〕	expectantly demand
実需用	实际需要	실수요〔シルスヨ〕	actual demand
バジェット品	预算内商品	예산내 상품〔イェサンネ サンプム〕	budget
バーゲンセール	大廉价	바겐 세일〔バケン セイル〕	bargain sale
テストセール	试销・试验售卖	테스트 세일〔テストゥ セイル〕	test sale
コストパフォーマンス	价格销售	코스트 퍼포먼스〔コストゥ ポポモンス〕	cost performance
マークダウン	减价	마크 다운〔マク ダウン〕	mark down
見切り	切货	바겐〔バケン〕	bargain
クイックレスポンス	迅速反应	Q R	quick response

[Ⅰ] 一般商談用語

インフラ〔社会基盤〕	社会基礎施設, 公用設備	인프라〔インプラ〕, 사회기반시설〔サフェキバンシソル〕	infrastructure
環境保全〔エコ保全〕	环保	환경 보전〔ファンギョン ポジョン〕	enviromental protection
環境汚染〔公害〕	公害, 环境污染	환경 오염〔ファンギョン オヨム〕, 공해〔コンヘ〕	enviromental pollution
リサイクル	再生	재활용〔チェファリョン〕	re-cycle
設備投資	设备投资	설비 투자〔ソルビ トゥジャ〕	investment in plant
合弁企業	合资企业, 合办事业	합작 기업〔ハプチャク キオプ〕	co-operation, joint venture
上代	零售价	소매가〔ソメガ〕	retail price
下代	批发价, 交货价	도매가〔トメガ〕	whole sale price
プロパー品	正货	정상 기획품〔チョンサン キフェクプム〕	proper merchandising
ＰＬ法 （日）	生产物品责任法	ＰＬ법〔PLポプ〕, 생산품 책임법〔センサンプム チェギムポプ〕	product liability law
グローバルスタンダード	国际标准	국제표준〔ククチェピョジュン〕, 글로벌 스텐다드〔グルロボル ステンダドゥ〕	global standard

16 商談用語

ＩＳＯ	国际标准化机关	ISO, 국제표준화 기구〔ククチェピョジナ　キグ〕	ＩＳＯ
国際標準化機構	国际标准化机关	ISO, 국제표준화 기구〔ククチェピョジナ　キグ〕	ＩＳＯ
イベント	节目, 事件	이벤트〔イベントゥ〕	event
ＰＯＳ管理	销售情报管理	POS관리〔POSクァンリ〕	point of sales system
コンピューター管理	电脑管理	컴퓨터 관리〔コムピュト　クァンリ〕	computer control
ディストリビューター	配给业者, 配电器	디스트리뷰터〔ディストゥリビュト〕	distributor
顧客満足度	客户满足度	고객 만족도〔コゲク　マンジョクド〕	customers satisfaction
ニーズ・ウォンツ	要求／原望	요구〔ヨグ〕, 니즈〔ニジュ〕	needs/wants
倒産	破产	도산〔トサン〕	bankruptcy
アウトソーシング	外面调达, 外来	아웃 소싱〔アウッ　ソシン〕	out saurcing
アクセス	捷径, 接近	접근〔チョプクン〕, 악세스〔アクセス〕	access
アメニティ	舒适的事物, 适意	예의〔イェイ〕, 공손함〔コンソナム〕	amenity
インストラクター	指导者	인스트럭터〔インストゥロクト〕, 지도자〔チドジャ〕	instructor

[Ⅰ] 一般商談用語

アントレプレナー	起業家, 事業家	기업가〔キオプカ〕	entrepreneur
オーバーストア	供給過多	공급과잉〔コングプァイン〕, 오버 스토어〔オボ ストオ〕	over store
ライバル	競争者, 対手	라이벌〔ライボル〕, 경쟁자〔キョンジェンジャ〕	rival
クレーム	索賠	크레임〔クレイム〕	claim
コピー商品	复制品	카피품〔カピプム〕, 복제품〔ポクチェプム〕	reproduction
コピー	复本, 复写	카피〔カピ〕, 복제〔ポクチェ〕	copy
コピーライター	广告文编写人	카피 라이터〔カピ ライト〕	copy writer
コレクション	展览会, 发表会（服装）	컬렉션〔コルレクション〕	collection
コンサルタント	顾问	컨설턴트〔コンソルトントゥ〕	consultant
コンペティション	竞争, 比赛	경쟁〔キョンジェン〕	competition
ニッチ・ビジネス	掰壁龛事业, 适当事业	최적 사업〔チェジョク サオプ〕, 니치 비지니스〔ニチ ビジニス〕	niche business
ブーム	忽然大得人望, 暴涨	붐〔ブム〕, 유행〔ユヘン〕	boom

18　貿易用語

| レンタル | 租的 | 렌탈〔レンタル〕, 대여〔テヨ〕 | rental |
| フィッティング | 试装 | 피팅〔ピティン〕, 시착〔シチャク〕 | fitting |

貿易用語	**贸易用语**	**무역 용어〔ムヨク　ヨンオ〕**	**words for trading**
オファー	报价，提案	오퍼〔オポ〕	offer
カウンターオファー	客户报价，再提案	카운터 오퍼〔カウント　オポ〕	counter offer
アクセプタンス	承诺	수락〔スラク〕	acceptance
契約	合同，合约	계약〔ケヤク〕	contract
送金	汇款	송금〔ソングム〕	remitance
入金	进款	지불〔チブル〕	payment
L／C	信用证	신용장〔シニョンジャン〕, L/C	letter of credit
発行銀行	发行银行	발행 은행〔パレン　ウネン〕	opening bank
通知銀行	通知银行	통지 은행〔トンジ　ウネン〕	advising bank
外為	外汇兑换	외환〔ウェファン〕	foreign exchange
為替変動相場	外汇兑换浮动率	변동 환율〔ピョンドン　ファニュル〕	floating rate

[I] 一般商談用語

輸入申告書	进口申报单	수입 신고서〔スイプ シンゴソ〕	import document
I／D	进口申报单	수입 신고서〔スイプ シンゴソ〕	import document
輸出申告書	出口申报单	수출 신고서〔スチュル シンゴソ〕	export document
E／D	出口申报单	수출 신고서〔スチュル シンゴソ〕	export document
B／L〔船荷証券〕	载货清单	B/L, 선하증권〔ソナチュンクォン〕	bill of landing
T／T〔電信送金〕	电信送金	T/T, 전신송금〔チョンシンソングム〕	telegraphic transfer
船積み	装船	선적〔ソンジョク〕	shipment
シッパー	装货者, 货主	화주〔ファジュ〕	shipper
船積み書類	装船单, 载货清单	선적 서류〔ソンジョク ソリュ〕	shipping document
インボイス〔送り状〕	商业发票, 送货单	인보이스〔インボイス〕, 송장〔ソンジャン〕	invoice
マークシート	出口报单	마크쉬트〔マクシュイトゥ〕	mark sheet
手配	安排	수배〔スベ〕	arrange
発送	出货	발송〔パルソン〕	send out
船便	船运	선편〔ソンピョン〕	by ship, by boat
空輸	空运	항공편〔ハンゴンピョン〕	by air

ハンドキャリー	手提, 随身携帯	핸드캐리〔ヘンドゥケリ〕	hand carry
通関見本（輸出用）	原样（通关用）	통관 견본〔トングァン キョンボン〕（수출용〔スチュルヨン〕）	original sample
控え見本（輸出用）	存样（通关用）	복사 견본〔ポクサ キョンボン〕（수출용〔スチュルヨン〕）	duplicate sample
ＡＳＮ	事前出荷明細	서전 출하명세〔サジョン チュルハミョンセ〕, ASN	ASN
格付け	分级	그레이딩〔グレイディン〕	classification, grading
検査基準	检验标准	검사기준〔コムサキジュン〕	inspecting standard
標準見本	标准样品	표준 샘플〔ピョジュン セムプル〕, 레프리카〔レプリカ〕, 복제품〔ポクチェプム〕	replica, standard sample
キャンセル	取消	취소〔チュイソ〕	cancel
返品	退货	반품〔パンプム〕	reject
乙仲〔海運仲買業者〕	报关行	중개인〔チュンゲイン〕	customs broker
輸入業者	进口商	수입 업자〔スイプ オプチャ〕	I/E agent
代理店契約	代理商合约	대리점 계약〔テリジョム ケヤク〕	agent contract

[I] 一般商談用語　21

コミッション	手续费，佣金	커미션〔コミッション〕	commission
保険	保险	보험〔ポホム〕	insurance
倒産	破产	도산〔トサン〕	bankruptcy
輸出検査	出口检查	수출 검사〔スチュル　コムサ〕	export inspection
原産地証明書	原产地证明书	원산지 증명서〔ウォンサンジ　チュンミョンソ〕	cretifcate of origin
梱包	包装	포장〔ポジャン〕	packing
ケースマーク	唛头，标，唛	케이스마크〔ケイスマク〕	case mark, shipping mark
組み合わせパッキング	拼装成包	종합 패킹〔チョンハプ　ペッキン〕	combined package
アソートパッキング	混色混码包装	어소트 패킹〔オソトゥ　ペッキン〕	assorted package
パッキングリスト	装箱单，包装单	패킹 리스트〔ペッキン　リストゥ〕	packing list
船腹押さえ	订船	선복 예약〔ソンボク　イェヤク〕	booking
仕向港	目的港，抵送港	목적지항〔モクチョクチハン〕	port of discharge
積み出し港	出货港，发送港	선적항〔ソンジョクハン〕	port of loading
陸上輸送	内陆运输	내륙 수송〔ネリュク　スソン〕	local convey
コンテナ	货柜，集装箱	컨테이너〔コンテイノ〕	container

22　貿易用語

クレーム	索赔，查询	클레임 〔クルレイム〕	claim
クレーム処理	索赔处理	클레임 협의 〔クルレイム　ヒョビ〕	claim negotiation
カントリーダメージ	装船前汚損	컨트리 데메지 〔コントゥリ　デメジ〕	country damaged
国内引き渡し日	国内交货期	국내 인도일 〔クンネ　インドイル〕	domestic delivery
リスクヘッジ	危险回避，风险	리스크 회피 〔リスク　フェピ〕	risk hedge
クォータ	配额，输出配额	쿼터 〔クォト〕	quota
クォータチャージ	配额费用	쿼터 차지 〔クォト　チャジ〕	quota charge
オーバーチャージ	超过运费	오버차지 〔オボチャジ〕	over charge
円高	日元升值	엔고 〔エンゴ〕	appreciation J￥
税関	海关	세관 〔セグァン〕	custom house
保税地区	保税加工区	보세 구역 〔ポセ　クヨク〕	bonded processing zone
保税倉庫	保税仓库	보세 창고 〔ポセ　チャンゴ〕	bond house
委託加工貿易	委托加工贸易	위탁가공 무역 〔ウィタクカゴン　ムヨク〕	improvement trade
仲介貿易	中介贸易	중개 무역 〔チュンゲ　ムヨク〕	intermediary trade
中継貿易	中继贸易	중계 무역 〔チュンゲ　ムヨク〕	entrepot trade

[I] 一般商談用語　23

補償貿易	补偿贸易	보상 무역〔ポサン　ムヨク〕	compensation trade
三国間貿易	三国间贸易	삼국간 무역〔サムグッカン　ムヨク〕	triangular trade
フリーポート	自由港，免税港	자유항〔チャユハン〕	free port
タックスフリー	免税	면세〔ミョンセ〕	tax free
経済特区	经济特区	경제 특구〔キョンジェ　トゥック〕	special economic region
再輸出	再出口	재수출〔チェスチュル〕	re export
支払請求書	付款通知书，眼单	지불 청구서〔チブル　チョングソ〕	payment request
物流	流通	물류〔ムルリュ〕	physical distribution
国名(地域名)・通貨	**国名(地名)・通货**	국명〔クンミョン〕（지역명〔チヨンミョン〕）・통화〔トンファ〕	**nationality & currency**
日本	日本	일본〔イルボン〕	Japan, JPN
日本　円	日元，日币	일본엔〔イルボンエン〕	Japanese yen, ¥
アメリカ合衆国	美国，美利坚合众国	미국〔ミグク〕	United States of America, USA
米　ドル	美金，美钞	미화〔ミファ〕，미달러〔ミダルロ〕	US dollar, US $

24　国名(地域名)・通貨

カナダ	加拿大	캐나다〔ケナダ〕	Canada, CAN
カナダ　ドル	加元	캐나다화〔ケナダファ〕	Canadian dollar, Can $
イギリス〔英国〕	英国，大不列顛	영국〔ヨングク〕	United Kingdom of Great Britain, GBR
英　ポンド	英镑	영국 파운드〔ヨングク　パウンドゥ〕	pound sterling, £
ドイツ連邦共和国	德国，德意志联邦共和国	독일연방공화국〔トギルヨンバンコンファグク〕	Federal Republic of Germany, GER
ユーロ	欧州联合通货	유로〔ユロ〕	Euro, €
フランス共和国	法国，法兰西共和国	프랑스공화국〔プランスコンファグク〕	French Republic, FRA
ユーロ	欧州联合通货	유로〔ユロ〕	Euro, €
イタリア共和国	意大利共和国	이탈리아공화국〔イタルリアコンファグク〕	Republic of Italy, ITA
ユーロ	欧州联合通货	유로〔ユロ〕	Euro, €
スペイン	西班牙	스페인〔スペイン〕	Spain, ESP
ユーロ	欧州联合通货	유로〔ユロ〕	Euro, €
スイス連邦	瑞士联邦	스위스연방〔スイスヨンバン〕	Swiss Confederation, SUI
スイス　フラン	瑞士 法郎	스위스 프랑〔スイス　プラン〕	Swiss franc, S.Fr/SwFr

[I] 一般商談用語　25

中華人民共和国	中华人民共和国	중화인민공화국〔チュンファインミンコンファグク〕	People's Republic of China, CHN
中国　人民元	人民币	중국 인민원〔チュングク　インミンウォン〕	RMB yen, RMB
外貨兌換券	外汇兑换券, 外币	외화〔ウェファ〕	foreign exchange yen, FEC
香港	香港	홍콩〔ホンコン〕	Hong kong
香港　ドル	港币	홍콩 달러〔ホンコン　ダルロ〕	HongKong dollar, HK $
シンガポール共和国	新加坡共和国	싱가폴〔シンガポル〕	Republic of Singapore, SIN
シンガポール　ドル	新加坡　元	싱가폴 달러〔シンガポル　ダルロ〕	Singapore dollar, Sin $
大韓民国	大韩民国	대한민국〔テハンミングク〕	Republic of Korea, KOR
韓国　ウォン	韩元	한국원〔ハングクウォン〕	won, ₩
朝鮮民主主義人民共和国	朝鮮民主主義共和国	조선민주주의 인민공화국〔チョソンミンジュジュイ インミンコンファグク〕	Democratic People's Republic of Korea, PRK
朝鮮　ウォン	朝鲜元	조선원〔チョソンウォン〕	won, Wn
台湾	台湾	대만〔テマン〕	Taiwan, TPE
台湾　元	台湾元, 台币	ＮＴ달러〔ＮＴダルロ〕	NewTaiwan dollar, NT $

マレーシア	马来西亚	말레이시아〔マルレイシア〕	Malaysia, MAS
マレーシア リンギ	马来西亚元	말레이시아 링깃드〔マルレイシア リンギットゥ〕	riggit, M. $
タイ王国	泰国	태국〔テグク〕	Kingdom of Thailand
タイ バーツ	泰国 铢	태국 바트〔テグク バトゥ〕	Baht, B THA
インドネシア共和国	印度尼西亚共和国	인도네시아공화국〔インドネシアコンファグク〕	Republic of Indonesia
インドネシア ルピア	印尼 卢比	인도네시아 루피아〔インドネシア ルピア〕	rupiah, Rp INA
フィリピン共和国	菲律宾共和国	필리핀공화국〔ピルリピンコンファグク〕	Republic of Philippine
フィリピン ペソ	菲律宾 披索	필리핀 페소〔ピルリピン ペソ〕	Peso, PPHI
ベトナム社会主義共和国	越南社会主义共和国	월남〔ウォルナム〕	Socialist Republic of Vietnam, VIE
ベトナム ドン	越南盾	월남 동〔ウォルナム ドン〕	dong, D
インド	印度	인도〔インド〕	India, IND
インド ルピー	印度卢比	인도 루피〔インド ルピ〕	rupi, Rs

ロシア連邦	俄罗斯联邦	러시아 연방〔ロシア ヨンバン〕	Russian Federation,RUS
ロシア ルーブル	俄罗斯 卢布	러시아 루블〔ロシア　ルブル〕	rouble,Rub
ヨーロッパ連合	欧州联合	유럽연합〔ユーロプヨナップ〕	European Union, ＥＵ
ユーロ	欧州联合通货	유로〔ユロ〕	Euro, €

[II] 表示・検査用語

表示類用語	表示类用语	표시류 용어〔ピョシリュ ヨンオ〕	label, mark
ネーム〔ラベル〕	商标, 织布商标	라벨〔ラベル〕, 레이벨〔レイベル〕	label
タグ	标签, 吊牌	태그〔テグ〕	tag, hang tag
サイズ表示	尺寸标示	사이즈 표시〔サイジュ ピョシ〕, 치수표〔チスピョ〕	size label
体形表示	体形尺寸标示	체형 표시〔チェヒョン ピョシ〕	fitting label (shape)
品質表示	成分标示, 组成标示	품질 표시〔プムジル ピョシ〕	quality label, fiber content label
洗濯表示	洗标, 洗涤商标	세탁 표시〔セタク ピョシ〕	wash care label
洗濯絵表示（取り扱い）	画图洗标	세탁 표시(취급)〔セタク ピョシ（チュイグプ）〕	wash care mark
原産地国表示	原产地国家标示	원산지국 표시〔ウォンサンジグク ピョシ〕	country of origin

デメリット表示	短処・缺点标示	취급주의 표시〔チュイグプチュイ ピョシ〕, 결점 표시〔キョルチョム ピョシ〕	demerit mark
麻マーク	麻标签	마 마크〔マ マク〕	linen, ramie mark
ウールマーク	纯羊毛标示	울 마크〔ウル マク〕	wool mark
ウールブレンドマーク	毛混标示	울 블랜드 마크〔ウル ブルレンドゥ マク〕	wool blend mark
エコ・マーク	环保标示	이콜러지 마크〔イコルロジ マク〕	eco mark
試験検査用語	**检验用语**	**시험검사 용어**〔シホムコムサ ヨンオ〕	**inspection, examination**
染色堅牢度	染色坚牢度	염색 견뢰도〔ヨムセク キョンネド〕	color fastness
染色堅牢度グレード	染色坚牢度评级	염색 견뢰도 등급〔ヨムセク キョンネド トゥングプ〕	fastness grading
耐光堅牢度	耐光坚牢度	내광 견뢰도〔ネグァン キョンネド〕	light fastness
耐汗堅牢度	汗渍坚牢度	내한 견뢰도〔ネハン キョンネド〕	sweat fastness
摩擦堅牢度	摩擦坚牢度	마찰 견뢰도〔マチャル キョンネド〕	rubbing fastness

30　品質用語

日光堅牢度	耐日晒坚牢度	내일광 견뢰도〔ネイルグァン　キョンネド〕	sunlight fastness
耐洗（色）堅牢度	耐洗（色）坚牢度	내세탁 견뢰도(색)〔ネセタク　キョンネド（セク）〕	washing fastness
洗濯堅牢度	耐洗坚牢度	세탁 견뢰도〔セタク　キョンネド〕	laundry resistance
ドライクリーニング堅牢度	耐干洗坚牢度	드라이클리닝 견뢰도〔ドゥライクルリニン　キョンネド〕	dry cleaning fastness
伸張力〔引っ張り強度〕	拉张力	신장 강도〔シンジャン　カンド〕	tension
収縮率	收缩率，缩水率	수축률〔スチュンニュル〕	shrinkage
ホルマリン	甲醛，福尔马林	포르말린〔ポルマルリン〕	formalin
品質用語	**质量用语**	**품질 용어**〔プムジル　ヨンオ〕	**quality, composition**
綿	棉	면〔ミョン〕	cotton
綿混	棉混	면혼방〔ミョンホンバン〕	polyester/cotton
ポリエステル	聚脂纤维，涤纶	폴리에스테르〔ポルリエルテル〕	polyester
レーヨン	人造丝	레용〔レヨン〕	rayon

ビスコースレーヨン	粘胶人造丝	비스코스 레용 〔ビスコス　レヨン〕	viscose rayon
アセテート	醋脂纤维	아세테이트 〔アセテイトゥ〕	acetate
トリアセテート	三醋酸脂纤维	트리 아세테이트 〔トリ アセテイトゥ〕	tri-acetate
麻	麻	리넨 〔リネン〕, 라미 〔ラミ〕, 마 〔マ〕	linen, ramie
絹〔シルク〕	丝, 真丝	실크 〔シルク〕, 견 〔キョン〕	silk
毛〔ウール〕	毛, 纯毛	울 〔ウル〕, 양모 〔ヤンモ〕	wool
毛混	毛混	울혼방 〔ウルホンバン〕	wool blend
獣毛	兽毛	수모 〔スモ〕	animal hair
アクリル	腈纶, 阿克里	아크릴 〔アクリル〕	acrylic
キュプラ	铜氨人造丝	큐프라(동암모늄) 레용 〔キュプラ（トンアムモニュム）レヨン〕	cupra rayon
ポリノジック	波里诺西克	폴리노직 〔ポルリノジク〕	polynosic
ナイロン	尼龙, 耐纶	나일론 〔ナイルロン〕	nylon
ビニール	乙烯基, 薄膜	비닐 〔ビニル〕	vinyl
ビニロン（日）	维尼纶	비닐론 〔ビニルロン〕	vinylon
ポリ塩化ビニール	聚氧化乙烯	폴리에틸렌 〔ポルリエティルレン〕	polyoxyethlene
ポリプロピレン	聚氧丙烯系纤维	폴리프로필렌 〔ポルリプロピルレン〕	polypropylene

プロミックス（日）	蛋白质共聚物纤维	프로믹스〔プロミクス〕	promix
ベンゾエート	苯甲酸脂纤维	벤조에이트〔ベンジョエイトゥ〕	benzoate
ポリウレタン	聚氧甲酸脂	폴리우레탄〔ポルリウレタン〕	polyurethane
金属糸〔メタルヤーン〕	金属纱	메탈릭〔メタルリク〕	metallic yarn
グラスファイバー	玻璃纤维	유리 섬유〔ユリ ソミュ〕	glass fiber

[Ⅲ] サイズ用語

サイズ用語	尺寸用语	사이즈용어〔サイジュ ヨンオ〕	size,measurement
サイズ	尺寸	사이즈〔サイジュ〕	size
サイズ表	尺寸表	사이즈표〔サイジュピョ〕	measurement
ＪＩＳサイズ	日本工业标准规格	JIS사이즈〔JISサイジュ〕〔KS〕	Japanese industrial standard size
センチメーター	公分, 厘米	센티미터〔センティミト〕〔cm〕	centi-meter
メーター	公米, 米特	미터〔ミト〕〔m〕	meter
インチ	英寸	인치〔インチ〕〔in〕	inch
ヤール〔ヤード〕	码〔等于91.4cm〕	야드〔ヤドゥ〕〔yds〕	yard
丈〔長さ〕	长	길이〔キリ〕	length
幅（巾）	宽	폭〔ポク〕	width
直径	直径	직경〔チッキョン〕	diameter
縦	纵, 经	경〔キョン〕, 종〔チョン〕	vertical

横	横, 纬	위〔ウィ〕, 횡〔フェン〕	side long, lateral horizontal
斜め	斜	바이어스〔バイオス〕	diagonal, bias
円	圆	원〔ウォン〕	circle
製品サイズ（出来上がり）	成品尺寸	제품 사이즈〔チェプム サイジュ〕	finished size
イレギュラーサイズ	不匀尺寸, 不规则尺寸	이레귤러 사이즈〔イレギュルロ サイジュ〕	irregular size
着丈〔身丈〕	身长	몸길이〔モムキリ〕	body length
前丈	前身长	앞판길이〔アプパンキリ〕	front body length
後丈	后身长	뒷판길이〔トゥイッパンキリ〕	back length
胸囲〔バスト〕	上围, 胸围	가슴둘레〔カスムトゥルレ〕	bust (chest)
前身幅	胸宽	전신폭〔チョンシンポク〕	bust width
背肩幅	肩宽	어깨넓이〔オッケノルビ〕	shoulder width
背幅	背宽	뒤폭〔トゥイポク〕	back width
袖丈	袖长	소매길이〔ソメキリ〕	sleeve length
裄丈	总袖长	소매기장〔ソメキジャン〕	neck to sleeve

袖幅	袖宽	소매폭 〔ソメポク〕	sleeve width
袖山高さ	袖山头高	소매어깨 〔ソメオッケ〕	sleeve cap height
アームホール	袖孔, 袖笼, 袖根围	암홀 〔アムホル〕	arm hole
後アームホール〔BAH〕	后袖笼	뒷 진동 〔トゥイッ チンドン〕, 뒷 암홀 〔トゥイッ アムホル〕	back arm hole
前アームホール〔FAH〕	前袖笼	앞 진동 〔アプ チンドン〕, 앞 암홀 〔アプ アムホル〕	front arm hole
ラグランスリーブ丈	插肩袖长, 马鞍袖长	래글런 소매길이 〔レグルロン ソメギリ〕	raglan sleeve length
袖口リブ幅	袖口罗纹宽	소매리브 둘레 〔ソメリブ トゥルレ〕	cuffs rib width
袖口リブ丈	袖口罗纹长	소매리브 폭 〔ソメリブ ポク〕	cuffs rib length
袖口幅	袖口宽	소매끝 둘레 〔ソメクッ トゥルレ〕	sleeve hem width
カフス幅	袖口宽	커프스 둘레 〔コプス トゥルレ〕, 커프스 길이 〔コプス キリ〕	cuffs width
カフス丈	袖口长	커프스 폭 〔コプス ポク〕	cuffs length
天幅（ニット）	后领宽	넥뒷기장 〔ネクトゥイッキジャン〕	back neck width

内天幅	含罗纹的后领宽	리브 사이즈 포함된 뒷 목둘레〔リブ　サイジュ　ポハムデン　トゥイッ　モクトゥルレ〕	back neck width with rib
外天幅	不含除罗纹后领宽	리브 사이즈 포함되지 않은 뒷 목둘레〔リブ　サイジュ　ポハムデジ　アヌン　トゥイッ　モクトゥルレ〕	back neck width with out rib
前衿下がり	前领深	넥앞기장〔ネガップキジャン〕	front neck depth
後衿下がり	后领深	넥벤드높이〔ネクベンドゥノピ〕	back neck depth
衿幅（後）	后领宽（高）	칼라(깃)높이〔カルロ（キッ）ノピ〕	collar height
上衿幅	外领宽	칼라(깃)폭〔カルロ〔キッ〕ポク〕	collar width
台衿幅	领下盘宽，下领宽	밑깃폭〔ミッキッポク〕	under collar width
前立て幅	门襟宽	앞섶단폭〔アプソプタンポク〕	front placket width
裾幅	下围宽，下摆	단(헴)폭〔タン（ヘム）ポク〕	hem width
裾リブ幅	下摆罗纹宽	밑단폭〔ミッタンポク〕	hem rib width
裾リブ丈	下摆罗纹长	밑단길이〔ミッタンギリ〕	hem rib length
ポケット（位置）	衣袋（位置）	포켓〔ポケッ〕（위치〔ウィチ〕）	pocket (position)
ポケット幅・丈	衣袋宽・长	포켓폭〔ポケッポク〕	pocket width

ウエスト	腰围	웨이스트 사이즈〔ウェイストゥ サイジュ〕, 허리둘레〔ホリトゥルレ〕	waist size
インベル幅	裙腰衬布宽	인사이드 벨트폭〔インサイドゥ ベルトゥポク〕	inside belt width
ウエストゴム幅	腰围松紧带宽	엘라스틱 벨트폭〔エルラスティク ベルトゥポク〕	elastic belt width
ウエストゴム丈	腰围松紧带长	엘라스틱 벨트길이〔エルラスティク ベルトゥギリ〕	elastic belt length
ヒップ〔H〕	臀围	힙 사이즈〔ヒプ サイジュ〕, 볼기둘레〔ポルギトゥルレ〕	hip size
中ヒップ	上臀围	힙상단 사이즈〔ヒプサンダン サイジュ〕	high hip size
ファスナー丈	拉链长	패스너 사이즈〔ペスノ サイジュ〕	fastener size
スカート丈	裙子长	스커트길이〔スコトゥギリ〕	skirt length
スカート裾幅	裙子下围宽	스커트단폭〔スコトゥタンポク〕	skirt hem width
けまわし(スカート裾幅)	裙子下围宽	스커트단폭〔スコトゥタンポク〕	skirt hem width
パンツ丈	裤子长	팬츠길이〔ペンチュギリ〕	pants length

38　サイズ用語

股上	上裆, 裤裆	솔기〔ソルギ〕	rise
股下	下裆, 落裆	안솔기〔アンソルギ〕	inside leg length
渡り	横裆	허벅지둘레〔ホボクチトゥルレ〕	crutch width
膝回り	膝盖围	무릎폭〔ムルプポク〕	knee width
パンツ裾幅	裤口宽（围）	팬츠 단폭〔ペンチュ タンポク〕	pants hem width
コート丈	大衣身长	코트길이〔コトゥギリ〕	coat length
総丈	总身长	총길이〔チョンギリ〕	full length
ボタン直径	钮扣直径	단추 사이즈〔タンチュ サイジュ〕	button size
ボタン個数	钮扣数量	단추 개수〔タンチュ ケス〕	button quantity
ボタン間隔	眼裆	단추 간격〔タンチュ カンギョク〕	button distance

[IV] 布帛原料関係用語

布帛原料用語	织物原料用语	직물원료 용어〔チンムルウォンリョ ヨンオ〕	fabric, matilial
織物	织布，织物	직물〔チンムル〕	fabric, textile
原糸	原纱，本色纱	원사〔ウォンサ〕	gray yarn
生機（きばた）	坯布，本色布	생지〔センジ〕	gray fabric
紡績	纺纱	방적〔パンンジョク〕	spinning
糸番手	纱支	실번수〔シルボンス〕	yarn count
縦糸	经纱	경사〔キョンサ〕	warp
横糸	纬纱	위사〔ウィサ〕	weft
打ち込み本数（縦）	经密，每寸经纱根数	경사 밀도〔キョンサ ミルト〕	ends per inch
打ち込み本数（横）	纬密，每寸纬纱根数	위사 밀도〔ウィサ ミルト〕	picks per inch
生地組織〔織組織〕	织物结构	직물 조직〔チンムル チョジク〕	fabric construction
生地幅	布宽	생지폭〔センジポク〕	fabric width
シングル幅	单幅	단일폭〔タニルポク〕	single width

40 布帛原料用語

ダブル幅	双幅	광폭〔クァンポク〕	double width
カットレングス	切断长度	원단 길이〔ウォンダン ギリ〕	cutting length
反長	切断长度	필장〔ピルチャン〕	cutting length
耳	布边	난단〔ナンダン〕	fabric edge
乱反	不定匹长	부정규 필장〔プジョンギュ ピルチャン〕, 난단〔ナンダン〕	irregular roll length
デニール	丹, 丹尼尔	데니어〔デニオ〕	denier
天然繊維	天然纤维	천연 섬유〔チョニョン ソミュ〕	natural fiber
合成繊維	合成纤维	합성 섬유〔ハプソン ソミュ〕	synthetic fiber
複合繊維	复合纤维	복합 섬유〔ポッカプ ソミュ〕	conjugated yarn
長繊維	长纤维	장섬유〔チャンソミュ〕	filament
短繊維	短纤维	단섬유〔タンソミュ〕	cut staple, spun
混紡糸	混纺纱	혼방사〔ホンバンサ〕	blended yarn
交織	交织	교직〔キョジク〕	cross weave
撚糸	捻纱	연사〔ヨンサ〕	twist yarn
S撚り	S捻, 顺手捻, 左手捻	좌연〔チャヨン〕, S연〔Sヨン〕	left twist, reverse twist, left way twist

Z撚り	Z捻，反手捻，右手捻	우연〔ウヨン〕, Z연〔Ｚヨン〕	right twist, regular twist, open hand twist
強撚糸	強捻纱，紧捻纱	강연사〔カンヨンサ〕	tight twist yarn
弱撚糸	弱捻纱，松捻纱	약연사〔ヤギョンサ〕	soft twist yarn
先染め	原纱染色，纤维染色	선염〔ソニョム〕	yarn dyeing
後染め	匹染，织后染色	후염〔フヨム〕	fabric dyeing
かせ染め	绞纱染色	타래 염색〔タレ ヨムセク〕	hank dyeing
直接染色	直接染色	직접 염색〔チクチョプ ヨムセク〕	direct dyeing
平織り	平纹组织	평직〔ピョンジク〕, 프레인〔プレイン〕	plain
綾織り	斜纹组织	능직〔ヌンジク〕, 트윌〔トウィル〕	twill
朱子織り	缎纹组织	주자직〔チュジャジク〕, 새틴〔セティン〕	satin
縞	条纹	줄무늬〔チュルムニ〕, 스트라이프〔ストゥライプ〕	stripe
ストライプ	条纹	줄무늬〔チュルムニ〕, 스트라이프〔ストゥライプ〕	stripe
格子	条格花纹	체크무늬〔チェクムニ〕	check, plaid

チェック	条格花纹	체크무늬〔チェクムニ〕	check, plaid
ジャカード	提花	자카드〔ジャカドゥ〕	jacquard
ドビー	多臂花式织	도비〔トビ〕	dobby
風通	双面异色花纹	양면 자카드〔ヤンミョン ジャカドゥ〕	double faced jacquard
シルク〔絹〕	丝, 蚕丝, 真丝	견〔キョン〕, 실크〔シルク〕	silk
生糸	生丝	생사〔センサ〕	raw silk, grege silk
家蚕糸	家蚕丝	가잠사〔カジャムサ〕	domestic silk worn
絹紡糸	绢丝	견방사〔キョンバンサ〕	silk yarn
匁（3.75g）	日本重量単位	돈〔トン〕	monme (3.75g)
プリント	印花	날염〔ナリョム〕, 프린트〔プリントゥ〕	print
顔料プリント	涂料印花	안료 날염〔アンニョ ナリョム〕	pigment print
染料プリント	染料印花	염료 날염〔ヨムリョ ナリョム〕	dyestuff print
マシーンプリント	机器印花	기계 날염〔キゲ ナリョム〕	machine print
スクリーンプリント	筛网印花	스크린 날염〔スクリン ナリョム〕	screen print
手捺染	手工印花	수날염〔スナリョム〕	hand print
抜染	拔染印花	발염〔パリョム〕	discharge print

[Ⅳ] 布帛原料関係用語　43

防染	防染印花	방염〔パンヨム〕	reserve print
防抜プリント	着色防染印花	방발염〔パンバリョム〕	resist print
二浴染め	二浴染色	2욕 염색〔2ヨク　ヨムセク〕	two bath union dyeing
同浴二色染め	两色效应（两种纤维同浴染色两种颜色）	1욕 2색 효과〔1ヨク　2セク　ヒョグァ〕	two color effect
カチオン染め	阳离子染料	카치온 염색〔カチオン　ヨムセク〕	cation dyeing
絞り染め	（手工）扎染	묶음 방염〔ムックム　パンヨム〕	tie-dyeing
浸染	浸染	침염〔チミョム〕	dip dyed
有り型	用过的板型	유형 패턴〔ユヒョン　ペトン〕	used pattern
ビーカー	染小样，染色試験	비커 테스트〔ビコ　テストゥ〕	beaker test, (lap-dip)
配色見本〔配色マス〕	配色样本，打样	배색 견본〔ペセク　キョンボン〕	strike off (s/f)
織りマス	织样，包袱样	블랭킷 견본〔ブルレンキッ　キョンボン〕	sample blanket
柄ピッチ	花纹间距，对花间距	패턴 피치〔ペトン　ピチ〕	pattern pitch
色ピッチ	色样间距	컬러 피치〔コルロ　ピチ〕	color pitch
反染め	匹染，织后染色	피스 염색〔ピス　ヨムセク〕	piece dye
生地ロット	最少织布量，起织量	생지 롯트〔センジ　ロットゥ〕	fabric minimum lot

44 布帛原料用語

染めロット	最少染量，起染量	염색 롯트 〔ヨムセッ ロットゥ〕	dyeing minimum lot
プリントロット	最少印花量，起印花量	프린트 롯트 〔プリントゥ ロットゥ〕	printing minimum lot
パネルプリント	嵌接花样印花，围巾花样印花	파넬 프린트 〔パネル プリントゥ〕	panel print / engineering print
ラバープリント	橡胶印花	러버 프린트 〔ロボ プリントゥ〕	rubber print
スプレープリント	喷印	스프레이 프린트 〔スプレイ プリントゥ〕	spray print
タトウプリント	刺身花纹印花	태투 프린트 〔テトゥ プリントゥ〕	tattoo print
むら染め	斑染	반염 〔パニョム〕	speckled dye
段染め	段染	스페이스 다이 〔スペイス ダイ〕	space dye
ハイブリット繊維	复合纤维，混合纤维	하이브릿드 섬유 〔ハイブリットゥ ソミュ〕	high brid yarn
芳香性繊維	芳香性纤维	방향성 섬유 〔パンヒャンソン ソミュ〕	perfumed fiber
透湿撥水繊維	透湿发水纤维	투습 발수 섬유 〔トゥスプ パルス ソミュ〕	moisture permeable water repellent fabric
透湿防水繊維	透湿防水纤维	투습 방수 섬유 〔トゥスプ パンス ソミュ〕	moisture permeable waterproof fabric

遠赤外線効果	远赤外线效果	원적외선 효과〔ウォンチョグェソン ヒョグァ〕	far-infrared ray effect
炭素繊維	炭素纤维	탄소 섬유〔タンソ ソミュ〕	carbon fiber
超高速紡糸	超高速纺纱	초고속 방사〔チョゴソク パンサ〕	super jet spining
アスベストヤーン	石棉纱	석면사〔ソンミョンサ〕	asbestos yarn
ヒーリング素材	恢复布料, 安慰布料	힐링 소재〔ヒルリン ソジェ〕	healing material
オーガニック・コットン	有机栽培棉	유기재 배면〔ユギジェ ペミョン〕, 오거닉 코튼〔オゴニク コトゥン〕	organic cotton
ストレッチ素材	弹力型布料	스트레치 소재〔ストゥレチ ソジェ〕	stretch fabric
異形断面糸	异形断面纱	이형 단면사〔イヒョン タンミョンサ〕	fancy cross-section yarn
異形中空糸	异形中空纱	이형 중공사〔イヒョン チュンゴンサ〕	fancy cross-section hollow fiber
エコ繊維	环保纤维	에콜로지 섬유〔エコルロジ ソミュ〕	eco-fiber
アレルギー対応繊維	抗过敏性纤维	얼러지 대응 섬유〔オルロジ テウン ソミュ〕	allergy-free fiber
蓄熱繊維	畜热纤维	축렬 섬유〔チュンニョル ソミュ〕	heat-storong fiber

アラミド繊維	芳香系耐纶	아라미드 섬유〔アラミドゥ ソミュ〕	aramid fiber
特種加工・整理用語	**特种处理，整理用语**	**특수 가공〔トゥクス カゴン〕**	**special finish**
樹脂加工	树脂处理	수지 가공〔スジ カゴン〕	resin finish
防水加工	防水处理	방수 가공〔パンス カゴン〕	water proof finish
耐水加工	耐水处理	내수 가공〔ネス カゴン〕	water resist treatment
防縮加工	防缩处理	방축 가공〔パンチュク カゴン〕	shrink resist finish machine washable
防汚加工	防污处理	방오 가공〔パンオ カゴン〕	soil release finish
制電加工	抗静电处理	제전 가공〔チェジョン カゴン〕	antistatic electricity finish
防融加工	防融加工	방융 가공〔パンユン カゴン〕	melt resist finish
圧縮加工	压缩加工	압축 가공〔アプチュク カゴン〕	felting finish
ＵＶカット加工	紫外线遮避加工	자외선 차단 가공〔チャウェソン チャダン カゴン〕	UV cut finish
帯電防止加工	防帯电加工	대전 방지 가공〔テジョン バンジ カゴン〕	antistatic finish

[IV] 布帛原料関係用語　47

防虫加工	防虫加工	방충 가공〔パンチュン　カゴン〕	moth-proof finish
防炎加工	防火処理	방염 가공〔パンヨム　カゴン〕	flame resist finish
防しわ加工	防皱処理	구김방지 가공〔クギムバンジ　カゴン〕	crease-resist finish
柔軟加工	柔软処理	유연 가공〔ユヨン　カゴン〕	softening treatment
縮絨加工	缩绒処理	밀링〔ミルリング〕	milling, felting
衛生加工	卫生処理	위생 가공〔ウィセン　カゴン〕	sanitary finish
イージーケアー	免烫処理	이지케어 가공〔イジケオ　カゴン〕	easy-care finish
シルケット加工	丝光処理	실켓 가공〔シルケッ　カゴン〕	silket, mercerizetion
プリーツ加工	褶裥処理, 压死褶	주름 가공〔チュルム　カゴン〕	pleated set, permanent-press finish
プリーツ定型加工	耐久褶裥処理	연구주름 가공〔ヨングジュルム　カゴン〕	durable press
コーティング	挂胶処理	코팅〔コティン〕	coating
ワッシャー加工	水洗布	워셔 가공〔ウォショ　カゴン〕	washer finish
洗い	洗涤, 水洗	수세〔スセ〕, 세척〔セチョク〕	washing
ストーンウォッシュ	石头洗	스톤 워싱〔ストン　ウォッシン〕	stone washing
サンドウォッシュ	砂洗	샌드 워싱〔センドゥ　ウォッシン〕	sand washing

特殊加工・整理用語

ケミカルウォッシュ	化学洗	케미칼 워싱〔ケミカル ウォッシン〕	chemical washing
バイオウォッシュ	酵素洗	바이오 워싱〔バイオ ウォッシン〕	bio washing
ブリーチ	漂白	표백〔ピョベク〕	bleaching
下晒し	染前漂白	사전 표백〔サジョン ピョベク〕	bleaching before print
塩素晒し（漂白）	氯漂	염소 표백〔ヨムソ ピョベク〕	chloride bleach
過酸化晒し（漂白）	过氧化物漂白	과산화 표백〔クァサンファ ピョベク〕	oxidation bleach
ハイドロ晒し（漂白）	保险粉漂白	하이드로 표백〔ハイドゥロ ピョベク〕, 수소 표백〔スソ ピョベク〕	hydrosulfite finish
つや消し加工	消光处理, 无光处理	소염 가공〔ソヨム カゴン〕	matt finish
ラスター加工	上光处理	광택 가공〔クァンテッ カゴン〕	luster finish
ピーチスキン加工	桃皮起毛处理	피치스킨 가공〔ピチスキン カゴン〕	peach skin finish
スエード加工	仿麓皮处理	스웨드 가공〔スウェドゥ カゴン〕	suede finish
起毛整理	刷毛处理, 拉绒	기모 가공〔キモ カゴン〕	brushing finish
エンボス加工	凹凸轧花, 拷花处理	엠보싱 가공〔エムボシン カゴン〕	emboss finish
減量加工	減量加工	감량 가공〔カムリャン カゴン〕	reduce weight
コーティング	上胶涂布	코팅〔コティン〕, 도포 직물〔トポ チンムル〕	coating

フロッキー加工	静電植絨印花	플로킹 날염〔フルロキン　ナリョム〕	flock printing
オパール加工	乳白処理, 半透明処理, 烂花処理	오팔 가공〔オパル　カゴン〕	opal printing
ミキシング	混合	믹싱〔ミクシン〕	mixing
ダブルフェース	双面布	양면포〔ヤンミョンポ〕	double faced fabric
形状記憶加工	记忆原型処理	형상기억 가공〔ヒョンサンキオク　カゴン〕	keeping original form
ボンディング加工	粘合加工	본딩 가공〔ボンディン　カゴン〕	bonding finish
ラミネート加工	层圧加工	라미네이트 가공〔ラミネイトゥ　カゴン〕	laminat finish
デオドラント加工	脱臭加工	탈취 가공〔タルチュィ　カゴン〕	deodorant finish
塩縮加工	氧縮処理	염축 가공〔ヨムチュク　カゴン〕	chlorination shrink
チンツ加工	摩擦轧光整理	친츠 가공〔チンチュ　カゴン〕	chintz finish
タンブラー加工	转笼烘燥処理	텀블러 가공〔トムブルロ　カゴン〕	tumbler finish
エアータンブラー	空気転笼烘燥	에어 텀블러〔エオ　トムブルロ〕	air tumbler
タンニン染め	单宁染	탠닌 염색〔テンニン　ヨムセク〕	tannin dyes

50 特殊加工・整理用語

オーバーダイ	套染, 罩染	오버 다이(염색)〔オボ ダイ（ヨムセク）〕	over dyeing
タイダイ	扎染	다이 염색〔ダイ ヨムセク〕	tie dyeing
転写プリント	传移印花	전사 프린트〔チョンサ プリントゥ〕	transcription print
エアーブラシ	喷气刷	에어 브러쉬〔エオ ブロシュイ〕	air brush
クラッシュ加工	压碎加工	크러쉬 가공〔クロシュイ カゴン〕	crushed finish
オンブレー染め	虹彩染	옴브레 프린트〔オムブレ プリントゥ〕	hombre print
スペック染め	段染	스펙 염색〔スペク ヨムセク〕	speck dyed
パラフィン・コーティング	腊质涂层	파라핀 코팅〔パラピン コティン〕	paraffin coating
オイル・コーティング	油脂涂层	오일 코팅〔オイル コティン〕	oil coating
アクリル・コーティング	阿克里涂层	아크릴 코팅〔アクリル コティン〕	acrylic coating
ポリウレタン・コーティング	聚氨酯涂层	폴리우레탄 코팅〔ポルリウレタン コティン〕	polyurethane coating
ラバー・コーティング	橡胶涂层	러버 코팅〔ロボ コティン〕	rubber coating
ニードル・パンチ	针刺	니들펀치〔ニドゥルポンチ〕	needle punching

[IV] 布帛原料関係用語　51

グリッター	閃光	글리터〔クルリト〕	glitter
ハーブ染め	草木染, 植物染	허브 염색〔ホブ　ヨムセク〕	herb dyeing
パッチワーク	并縫布	패치워크〔ペチウォク〕	patchwork
なめし加工	制革, 鞣革	타닝〔タニン〕	tanning
生地名	**布料名称**	**직물명〔チンムルミョン〕**	**fabric name**
ローン	上等細布, 平纹织布	론〔ロン〕	lawn
ブロード	细平布, 密织平纹	브로드 클로스〔ブロドゥ　クルロス〕, 브로드〔ブロドゥ〕	broad cloth
天竺綿	重浆平布, 厚棉布	캔버스〔ケンボス〕, 범포〔ポムポ〕	canvas
ギンガムチェック	彩色格子布	깅엄체크〔キンオムチェク〕	gingham check
ダンガリー	斜纹劳动布, 白经色纬织布	덩가리〔トンガリ〕	dungaree
オックスフォード	牛津布	옥스퍼드〔オクスポドゥ〕	oxford
ツイル	斜纹布	능직〔ヌンジク〕, 트윌〔トゥウィル〕	twill
カツラギ（日）	葛城厚斜纹布（日）	가쓰라기（일）〔カスラギ〕	katuragi

52 生地名

チノクロス	丝光卡其军服布	치노 직물〔チノ チンムル〕	chino cloth
デニム	牛仔布	데님〔デニム〕, 진〔ジン〕	denim, jeans
デシン	双绉布	크레이프드신〔クレイプドゥシン〕	crepe de chine
ジョーゼット	乔其纱	조오젯〔ジョオジェッ〕	georgette
サテン	缎纹布	주자〔チュジャ〕	satin
バックサテン	缎背绉	주자 백크레이프〔チュジャ ベククレイプ〕	satin-back crepe
ピケ	凹凸绉	피케〔ピケ〕	pique
べっちん	棉绒	면 벨벳〔ミョン ベルベッ〕	cotton velvet
コーデュロイ	灯芯绒, 天鹅绒	코오듀로이〔コオデュロイ〕	corduroy
ベルベット	丝绒, 天鹅绒	벨벳〔ベルベッ〕	velvet
スエードクロス	薄起毛布	쉬에드 크로스〔シュイエドゥ クロス〕	suede cloth
サージ	哔叽呢	서지〔ソジ〕	serge
ギャバジン	轧别丁, 华达呢	개버딘〔ケボディン〕	gaberdine
タータンチェック	苏格兰格子	타탄 무늬〔タタン ムニ〕, 타탄 체크〔タタン チェク〕	tartan check

グレンチェック	小方格花纹, 格伦格	글렌 체크〔グルレン チェク〕	glen check
ツイード	粗呢, 粗花呢	트위드〔トゥウィドゥ〕	tweed
ベネシャン	纬呢斯缎纹	비니이션〔ビニイション〕	venetian
フラノ	法兰绒	플란넬〔プルランネル〕	flannel
メルトン	麦尔登呢	멜턴〔メルトン〕	melton
カルゼ	克尔赛手织粗呢	커지〔コジ〕	carsey
ポプリン	府绸	포플린〔ポプルリン〕	poplin
バラッシャ	巴拉西厄	바레디어〔バレディオ〕	barathea
ビエラ	维也勒法兰绒	비엘라〔ビエルラ〕	viyella
エターミン	毛纱罗, 有光丝纱罗	에타민〔エタミン〕	etamine
ようりゅう〔クレープ〕	柳条绉	크레이프〔クレイプ〕	crepe
サッカー	泡泡布, 绉条纹薄织	서커〔ソコ〕	sucker
マドラスチェック	马德拉斯条子细布	머드라스 체크〔マドゥラス チェク〕	madras check
シルクポンジー	茧绸, 山东府绸	실크 폰지〔シルク ポンジ〕	silk pongee
シャンタン	山东府绸	산뚱〔サントゥン〕	shangtong
タフタ	花塔夫	태피터〔テピト〕	taffeta

54 生地名

スパンレーヨン	人造短纤维织物	스펀 레이온〔スポン レイオン〕	spun rayon
フェルト	毡合织物，毛毡	펠트 직물〔ペェルトゥ チンムル〕	felted fabric
ガーゼ	纱布	가제〔ガジェ〕	gauze
ヘリンボーン	人字呢，双斜纹布	헤링본〔ヘリンボン〕	herringbone
アラベスク	阿拉伯凤的，蔓藤花样	아라베스크〔アラベスク〕,아라비아풍 무늬〔アラビアプン ムニ〕	arabesque
千鳥格子	千鸟格子	하운드투드〔ハウンドゥトゥドゥ〕	hound tooth
帆布〔キャンバス〕	帆布	캔버즈〔ケンボジュ〕	canvas
シースルー	透明布	시 스루〔シ スル〕,투명천〔トゥミョンチョン〕	see through
空羽	薄纱，空隙织	투시직물〔トゥシチンムル〕	seeahand fabric
シャギー	长毛布，起毛布	섀기〔シェギ〕	shaggy
ジャカード	提花	자카드〔ジャカドゥ〕	jacquard
カットジャカード	剪开提花	컷 자카드〔コッ ジャカドゥ〕	cut jacquard
ふくれジャカード	浮凸提花	플로팅 자카드〔プルロティン ジャカドゥ〕	floating jacquard
チュールレース	六角网眼花边	튈 레이스〔トゥイル レイス〕	tulle lace

[IV] 布帛原料関係用語　55

ケミカルレース	烂花花边	케미컬 레이스 〔ケミコル　レイス〕	chemical lace
刺繡レース	绣花花边	자수 레이스 〔チャス　レイス〕	embroidery lace
ゴブラン織り	哥白林像景毛织	고블랭직 〔ゴブルレンジク〕	gobelin weave
サイロスパン	凉梳毛, 西笼纺	사이로스판 〔サイロスパン〕	siro span wool
新合繊　（日）	新合纤	신　합섬 〔シン　ハプソム〕	new synthetic fiber
ペイズリー	佩兹利花纹	페이즐리 〔ペイジュルリ〕	paisley
ボーダー柄	布边花样	보더 프린트 〔ボド　プリントゥ〕	border print
モッサ（日）	苔绒	모사울 〔モサウル〕	moss finished cloth
迷彩柄	迷彩色花样	미채 무늬 〔ミチェ　ムニ〕	camouflage pattern
オーガンジー	奥甘迪, 透明纱	오건디 〔オゴンディ〕	organdy
霜降り	晕色纱	보까시 〔ボカシ〕	mix color
シャンブレー	经染平织布	샴브레이 〔シャムブレイ〕	chambray
ピンストライプ	细条子	핀 스트라이프 〔ピン　ストゥライプ〕	pin stripe
梨地〔クレープ〕	绉纹布, 梨皮组织	크레이프 〔クレイプ〕	crepe
アニマル柄	动物花样	애니멀 프린트 〔エニモル　プリントゥ〕	animal print
トーションレース	扭转织花边	토션 레이스 〔トション　レイス〕	torsion lace

56 ニット生地名

| 水玉 | 点纹花样 | 물방울〔ムルバンウル〕 | dot |
| 共布 | 同一布料 | 동일섬유(같은 종류의)〔トンイル ソミュ(カットゥン チョンニュエ)〕 | same fabric |

ニット生地名	**针织布名**	**평성포〔ピョンソンポ〕**	**knitted fabric**
ジャージー	针织布	저지〔ジョジ〕	jersey
シングルジャージー	单面针织布	싱글 저지〔シングル ジョジ〕	single jersey
ダブルジャージー	双面针织布	더블 저지〔ドブル ジョジ〕, 이중 저지〔イジュン ジョジ〕	double jersey
天竺(丸編み)	平针织布	평편 성지〔ピョンピョン ソンジ〕	plain knitting fabric
スムース	双罗纹针织布, 棉毛	더블리브〔ドブルリブ〕	double rib
リブ	罗纹织	리브〔リブ〕, 두둑〔トゥドゥク〕	rib
テレコ〔昼夜〕	罗纹抽针针织布	2×2리브〔2×2リブ〕	selected rib, 1×1
針抜き	抽针针织布	침빼기〔チムペギ〕	selected rib
ミラノリブ	米兰诺罗纹	밀라노 리브편〔ミルラノ リブピョン〕	milano rib
ラッシェル	拉舍尔经编	럿셀〔ロッセル〕	rasechel

テリー	起毛毛圏布, 毛巾布	테리〔テリ〕	terry
ベロアー	丝绒	벨루어〔ベルルオ〕	velour
テンセル（商標名）	如棉系线维.天丝绒	텐셀〔テンセル〕	tencel
パイルクロス	绒头纱布	파일 직물〔パイル チンムル〕	pile cloth
裏毛	背面绒毛, 背面起毛针织布	프렌치 테리〔プレンチ テリ〕	french terry
起毛	起毛针织布	기모 직물〔キモ チンムル〕	brushing fabric
フリース	起绒粗呢	플리스〔プルリス〕	fleece, (potartec)
メッシュ	网织	메시〔メシ〕	mesh
ボア	仿毛皮布	보아〔ボア〕	boa
ファー	毛皮	퍼〔ポ〕	fur
フェイクファー	人造毛皮	페이크퍼〔ペイクポ〕	fake fur
イミテーションファー	充毛皮, 仿毛皮	모조 모피〔モジョ モピ〕	imitation fur
羽毛〔ダウン〕	羽毛, 鸭绒	다운〔ダウン〕	down
ダウンプルーフ	防羽绒刺出性织物	다운 프루프〔ダウン プルプ〕	down proof
表生地	正面布料, 面料	겉감〔コッカム〕	face side fabric

裏地	里布	안감〔アンガム〕	lining
芯地	衬布	심지〔シムジ〕	interlining
毛芯	毛衬	모심지〔モシムジ〕	wool canvas
接着芯	粘合衬	접착 심지〔チョプチャク シムジ〕	fusible interlining
ドミット芯	双面厚绒衬	도멧프레널〔ドメップレノル〕	domett flannel
キルティング	绗缝布，纳缝布	퀼팅〔クィルティン〕	quilting
中綿	中间棉，垫料	쿠션솜〔クションソム〕	cushioning material
スレーキ	斜纹里布	슬리크〔スルリク〕	sleek

毛皮・皮革用語	**毛皮・皮革用语**	모피・피혁용어〔モピ・ピヒョクヨンオ〕	animal fur・leather
革〔レザー〕	皮革	가죽〔カジュク〕,레더〔レド〕	leather
表皮	表皮	표피〔ピョピ〕	face skin
裏皮	二朗皮，二层皮，背皮	내피〔ネピ〕,백스킨〔ベクスキン〕	back skin
バックスキン	鹿皮	사슴가죽〔サスムカジュク〕,사슴피〔サスムピ〕	buck skin

合成皮革	合成皮革	합성 피혁〔ハプソン　ピヒョク〕	man made leather
スエード	仿背皮, 小山羊皮	쉬에드〔シュイエドゥ〕	suede
エナメルクロス	漆（皮）布	에나멜도포 직물〔エナメルトポ　チンムル〕	enamelled cloth
羊皮	羊皮	양가죽〔ヤンカジュク〕, 양피〔ヤンピ〕	sheep skin
豚皮	猪皮	돼지 가죽〔トゥエジカジュク〕, 돈피〔トンピ〕	pig skin
牛革	牛皮	소가죽〔ソカジュク〕, 우피〔ウピ〕	calf
ラビット	兎子	토끼〔トッキ〕	rabbit
ムートン	羊毛皮	무톤〔ムトン〕	mutton
シープスキン	羊皮	쉬프 스킨〔シュイプ　スキン〕	sheep skin
ラム	小羊皮	램〔レム〕	lamb
ハラコ	胎毛	태모〔テモ〕	sulank skin
ミンク	貂皮	밍크〔ミンク〕	mink
フォックス	狐皮	여우〔ヨウ〕	fox
チンチラ	栗鼠	친칠라〔チンチルラ〕	chinchilla
レオパード〔ヒョウ〕	豹	표범〔ピョボム〕	leopard

ゼブラ	斑马	제브라 〔ジェブラ〕	zebra
ヌートリア	河鼠	누트리아 〔ヌトゥリア〕	nutria
ビーバー	海狸	비버 〔ビボ〕	beaver
オストリッチ	鸵鸟	타조 〔タジョ〕	ostrich
クロコダイル	鳄鱼	악어 〔アゴ〕	crocodile
パイソン	大蟒, 虯蛇	비단뱀 〔ピダンベム〕	python
フロッグ	蛙	개구리 〔ケグリ〕	frog
リザード	蜥蜴	도마뱀 〔トマベム〕	lizard

[V] 布帛製品用語

布帛アイテム用語	布料成品用語	직물제 의류용어〔チンムルジェ ウィリュヨンオ〕	for garments
◆レディスウェア	女装	여성복〔ヨソンボク〕	women's wear
ブラウス	女襯衫, 罩衫	블라우스〔ブルラウス〕	blouse
シャツブラウス	男式女襯衫	셔츠 블라우스〔ショチュ ブルラウス〕	shirts blouse
オーバーブラウス	女式长罩衫	오버 블라우스〔オボ ブルラウス〕	over blouse
Tブラウス	圆领罩衫, T恤襯衫	T블라우스〔Tブルラウス〕	blouse, T shirt
B・S	襯衫 和 裙子	블라우스와 스커트〔ブルラウスワ スコトゥ〕	blouse & skirt
ジレ	妇女马甲式背心	질레〔ジルレ〕, 조끼〔チョッキ〕	gilet
ブラ・トップ	胸罩式上衣	브라 톱〔ブラ トプ〕	bura-top
ベア・トップ	露肩式上衣	베어 톱〔ベオ トプ〕	bare-top

チューブトップ	筒型上衣	튜브 상의〔テュブ サンイ〕, 입체적으로 과장된 상의〔イプチェチョグロ クァジャンデン サンイ〕	tube top
カシュクール	交差門襟, 重叠門襟	카세 꾸루〔カセ クル〕	cache-coeur
ブラウジング	松身罩衫	브라우싱〔ブラウシン〕	blousing
ワンショルダー	半露肩	한쪽 어깨가 파진 스타일〔ハンチョク オッケガ パジン スタイル〕	one shoulder
スカート	裙子	스커트〔スコットゥ〕	skirts
タイトスカート	緊身裙, 筒型裙	타이트 스커트〔タイトゥ スコトゥ〕	tight skirt
ミニスカート	短裙, 迷你裙	미니 스커트〔ミニ スコトゥ〕	mini skirt
マイクロミニ	超迷你裙	마이크로 미니 스커트〔マイクロ ミニ スコトゥ〕	micro mini skirt
ロングスカート	长裙	롱 스커트〔ロン スコトゥ〕	long skirt
ロン・タイ	长贴裙	롱타이트 스커트〔ロンタイトゥ スコトゥ〕	long tight skirt
プリーツスカート	褶裥裙	플리츠 스커트〔プルリチュ スコトゥ〕	pleated skirt
ギャザースカート	收裥裙	개더 스커트〔ゲド スコトゥ〕	gathered skirt

[V] 布帛製品用語 63

フレアースカート	喇叭裙	플레어 스커트〔フルレオ スコトゥ〕	flare skirt
ラップスカート	包裙	랩 스커트〔レプ スコトゥ〕	wrapped skirt
ティアードスカート	搭层裙	티어드 스커트〔ティオドゥ スコトゥ〕	tiered skirt
サーキュラースカート	圆型裙	서큘러 스커트〔ソキュルロ スコトゥ〕, 넓은 플레어스커트〔ノルブン プルレオスコトゥ〕	circular skirt
アコーディオン・プリーツスカート	风琴 褶裥裙	아코디온 주름치마〔アコディオン チュルムチマ〕, 아코디온 주름스커트〔アコディオン チュルムスコトゥ〕	accordion pleats skirt
エスカルゴスカート	蜗牛裙	에스카르고 스커트〔エスカルゴ スコトゥ〕	escargot skirt
ジャンパースカート	无袖连衣裙	점퍼 스커트〔ジョムポ スコトゥ〕	jumper skirt
ヒップスタースカート	低腰裙	힙 스타 스커트〔ヒプ スタ スコトゥ〕	hip star skirt
キュロット	裙裤	퀼로트〔キュイルロトゥ〕	culottes
パンツ〔パンタロン〕	裤子	팬츠〔ペンチュ〕, 판탈롱〔パンタルロン〕	pants, pantaloon
ワンピース	连衣裙, 洋装	원피스〔ウォンピス〕	one piece dress

ストラップドレス	吊带连衣裙	스트랩 드레스〔ストゥレプ ドゥレス〕	strap dress
スリップドレス	长衬连衣裙	슬립 드레스〔スルリプ ドゥレス〕	slip dress
ツーピース	套装	투피스〔トゥピス〕	two piece set
スーツ	成套西服	슈트〔シュトゥ〕	suit
テーラードスーツ	西服套装	테일러 슈트〔テイルロ シュトゥ〕	tailored suit
ソフトスーツ	柔软套装	소프트 슈트〔ソプトゥ シュトゥ〕	soft suit
シャネルスーツ	无领套装	샤넬 슈트〔シャネル シュトゥ〕	chanel suit
ベストスーツ	背心套装	베스트 슈트〔ベストゥ シュトゥ〕	vest suit
アンサンブル	配套服装	앙상블〔アンサンブル〕	ensemble
スリーピース	三件套	스리피스〔スリピス〕	three pieces
カラーフォーマル	彩色礼服	컬러 포멀〔コルロ ポモル〕, 정장〔チョンジャン〕	colored formal wear
ニットスーツ	针织套装	니트 슈트〔ニットゥ シュトゥ〕	knit suit
ジャケット	上衣, 茄克	재킷〔ジェキッ〕	jacket
ボレロ	无钮女短上衣	볼레로〔ボルレロ〕	bolero
ブルゾン	宽松茄克衫	블루종〔ブルルジョン〕	blouson

コート	大衣, 外套	코트〔コトゥ〕	coat
ショートコート	短大衣	쇼트 코트〔ショトゥ コトゥ〕	short coat
ピーコート	水兵短外衣	해군용 네이비 더블코트〔ヘグンニョン ネイビ ドプルコトゥ〕	pea coat
リバーシブルコート	双面可用外套	리버서블 코트〔リボソブル コトゥ〕	reversible coat
チュニックコート	緊身短大衣	튜닉 코트〔トュニク コトゥ〕	tunic coat
マタニティードレス	孕婦服	머터니티 드레스〔モトニティ ドゥレス〕	maternity dress

◆メンズウェア	男装	남성복〔ナムソンボク〕	men's wear

シャツ	衬衫	셔츠〔ショチュ〕	shirt
ドレスシャツ〔Yシャツ〕	衬衫(白衬衫)	드레스 셔츠〔ドゥレス ショチュ〕	dress shirt
カッターシャツ	敞領衬衫	커터 셔츠〔コト ショチュ〕	cutter shirt
開襟シャツ	开衬衫	오픈칼라 셔츠〔オプンカルラ ショチュ〕	open collar shirt

ズボン〔パンツ〕	裤子	트라우저〔トゥラウジョ〕, 팬츠〔ペンチュ〕	trousers (pants)
ストレートパンツ	直形裤子, 筒裤	스트레이트 팬츠〔ストゥレイトゥ ペンチュ〕	straight pants
スーツ〔背広〕	西装, 西服	슈트〔シュトゥ〕	suit
ブレザージャケット	西服运动上衣	블레이저 코트〔ブルレイジョ コトゥ〕	blazer coat
三つ揃え	三件套西装	스리피스〔スリピス〕	three pieces
ベスト	西服背心	베스트〔ベストゥ〕	vest
ジャンパー	宽松茄克	점퍼〔ジョムポ〕	jumper
ダスターコート	晴雨两用外套, 防尘外套, 风衣	더스터 코트〔ドスト コトゥ〕	duster coat
アンコンジャケット	否结构夹克	언컨스트럭티드 재킷〔オンコンストゥロクティドゥ ジェキッ〕	un constructed jacket
ハイテク・スーツ	高机能套装	하이테크 슈트〔ハイテク シュトゥ〕	high-tech suits
レインコート	雨衣	레인 코트〔レイン コトゥ〕	rain coat
トレンチコート	腰带式大衣	트렌지 코트〔トゥレンジ コトゥ〕	trench coat
オーバーコート	大衣, 外套	오버 코트〔オボ コトゥ〕	over coat

[V] 布帛製品用語　67

学ラン〔学生服〕	学生制服	교복〔キョボク〕	school uniform
礼服〔フォーマル〕	礼服, 节日服	포멀 웨어〔ポモル ウェオ〕	formal wear
モーニングコート	常礼服, 晨礼服	모닝 코트〔モニン コトゥ〕	morning
タキシード	晚会礼服	턱시도〔トクシド〕	tuxedo

◆カジュアルウェア	便服, 休闲装	캐주얼 웨어〔ケジュオル ウェオ〕	casual wear

カジュアルシャツ	休闲衬衫	캐주얼 셔츠〔ケジュオル ショチュ〕	casual shirt
ビッグシャツ	宽大衬衫	빅셔츠〔ビクショチュ〕	big shirt, over-size shirt
シャツジャケット	衬衫式茄克	셔츠 재킷〔ショチュ ジェキッ〕	shirt jacket (jack)
ワークシャツ	工作衫	워크 셔츠〔ウォク ショチュ〕	working shirt
Tシャツ	圆领短袖衬衫, T恤	T셔츠〔Tショチュ〕	T-shirt
チビT	小T恤	스몰 T셔츠〔スモル Tショチュ〕	small T-shirt
タンクトップ	大圆领女背心	탱크톱〔テンクトプ〕	tank top
キャミソール	妇女贴身背心	캐미솔〔ケミソル〕	camisole

綿パン	棉布裤子	면 팬츠〔ミョンペンチュ〕, 코튼 팬츠〔コトゥン ペンチュ〕	cotton pants
チノパンツ	丝光卡其裤	치노 팬츠〔チノ ペンチュ〕	chinos
ワークパンツ	工作裤	워크 팬츠〔ウォク ペンチュ〕	working pants
ストレッチパンツ	弹性裤	스트레치 팬츠〔ストゥレチ ペンチュ〕	stretch pants
バーミューダパンツ	百慕大式短裤	버뮤다 쇼트〔ボミュダ ショトゥ〕	bermuda shorts
ジーンズ〔ジーパン〕	牛仔裤	진즈〔ジンジュ〕, 청바지〔チョンバジ〕	jeans
カーゴパンツ	工作裤	작업용 바지〔チャゴプヨン バジ〕, 청바지〔チョンバジ〕	cargo pants
バギーパンツ	袋型裤	주름잡힌 풍성한 바지〔チュルムチャッピン プンソンハン バジ〕	baggy pants
ローライズ	低腰裤	로 라이즈〔ロ ライジュ〕	low rise
ヒップハンガー	低腰	힙 행어〔ヒプ ヘンオ〕	hip hanger
クロップドパンツ	脚脖子长裤	크롭 팬츠〔クロプ ペンチュ〕	cropped pants
イージーパンツ	便裤	이지 팬츠〔イジ ペンチュ〕	easy pants
ダボ・パン	宽松裤	루즈 팬츠〔ルジュ ペンチュ〕	loose pants
カルソンパンツ	松腰裤	카르송 팬츠〔カルソン ペンチュ〕	caleson pants

[V] 布帛製品用語

ジージャン〔デニム ジャケット〕	牛仔茄克	진재킷〔ジンジェキッ〕, 데님 재킷〔デニム ジェキッ〕	jeans jacket
皮ジャン	皮革夹克	가죽 점퍼〔カジュク ジョムポ〕	leather jacket
サファリジャケット	旅行装, 狩猟衫	사파리 재킷〔サパリ ジェキッ〕	safari jacket
ジップアップジャケット	拉链夹克	집업 재킷〔ジプオプ ジェキッ〕	zip up jacket
サスペンダー スカート	吊带裙	서스펜더 스커트〔ソスペンド スコトゥ〕	suspender skirt
サスペンダー パンツ	吊带裤	서스펜더 팬츠〔ソスペンド ペンチュ〕	suspender pants
スタジャン	运动茄克	스타디움 점퍼〔スタディウム ジョムポ〕	stadium jumper
スウィングトップ	运动茄克	스윙톱〔スウィントプ〕	swing top
ウインドブレーカー	防风茄克	윈드브레이커〔ウィンドゥブレイコ〕	wind breaker
ダッフルコート	粗呢大衣	더블 코트〔ドブル コトゥ〕	duffle coat
ダウンジャケット	羽绒（羽毛）茄克	다운 재킷〔ダウン ジェキッ〕	down jacket
キルティングコート	绗缝大衣	퀼팅 코트〔クィルティン コトゥ〕	quilting coat
トレーナー	运动衫	트레이너 슈트〔トゥレイノ シュトゥ〕	training suits

パーカー	派克	파카〔パカ〕	parka
ライダース ジャケット	骑车夹克	오토바이용 자켓〔オトバイヨン ジャケッ〕	riders jacket
ラガーシャツ	橄榄衬衫	럭비선수용 폴로셔츠〔ロクビソンスヨン ポルロショチュ〕	rugger shirt
アノラック・ヤッケ	防水防风登山衣	아노락〔アノラク〕	anorak
ジャンプスーツ	连衣	점프 슈트〔ジョムプ シュトゥ〕	jump suit
つなぎ	连衣工作服	오버올〔オボオル〕	over-all
オーバーオール	连衣工作服	오버올〔オボオル〕	over-all
ウェットスーツ	潜水衣	잠수복〔チャムスボク〕	wet suits

製品ディテール用語	**成品细部用语**	의류 세부용어〔ウィリュ セブヨンオ〕	garment detai
◆衿・ネックライン	领子（领形，领口）	칼라〔カルラ〕・네크라인〔ネクライン〕	collar,neckline
ラウンドネック	圆领	라운드넥〔ラウンドゥネク〕	round neck
ボートネック	一字领	보트넥〔ボトゥネク〕	boat neck

[V] 布帛製品用語

クルーネック	船员领	크루넥〔クルネク〕	crew neck
Vネック	V字领, 鸡心领	V넥〔Vネク〕	V neck
Uネック	U字领	U넥〔Uネク〕	U neck
スクェアーネック	方型领	스퀘어넥〔スクェオネク〕	square neck
ハイネック	高领	하이넥〔ハイネク〕	high neck
オフネック	露颈领, 一字领	오프넥〔オプネク〕	off neck
打ち合わせ衿	斜叠领	겉쪽 안쪽 합봉〔コッチョク アンチョク ハプポン〕	supplice neck line
カーディガンネック	开衿领	카디건넥〔カディゴンネク〕	cardigan neck
ホルターネック	三角背心领	홀터넥〔ホルトネク〕	halter neck
ノーカラー	无领	노칼라〔ノカルラ〕, 칼라리스〔カルラリス〕	collar less, no collar
シャツカラー	衬衫领	셔츠 칼라〔ショチュ カルラ〕	shirt collar
ボタンダウンカラー	领尖有扣领头	버튼다운 칼라〔ボトゥンダウン カルラ〕	button-down collar
コンバーティブルカラー	两用领	컨버터블 칼라〔コンボトブル カルラ〕	convertible collar

レギュラーカラー	普通衬衫领	레귤러 칼라〔レギュルロ　カルラ〕	regular point collar
ピンホールカラー	针孔领	핀홀 칼라〔ピンホル　カルラ〕	pinhole collar
タブカラー	搭襻衬衫领	탭 칼라〔テプ　カルラ〕	tab collar
クレリックカラー	教士领	클레릭 칼라〔クルレリク　カルラ〕	cleric collar
ポロカラー（衿）	半前开衿，小翻领	폴로 칼라〔ポルロ　カルラ〕	polo collar
ショールカラー	围巾式领，长方领	숄 칼라〔ショル　カルラ〕	shawl collar
タイカラー	花式大结领，蝴蝶结	타이 칼라〔タイ　カルラ〕	tie collar
スタンドカラー	坚领，立领	스탠드 칼라〔ステンドゥ　カルラ〕	stand collar
バンドカラー	坚领，立领，中装直领	밴드 칼라〔ベンドゥ　カルラ〕	band collar
オフタートル	松高领	오프 터틀넥〔オプ　トトゥルネク〕	off turtle
スキッパー	层领	스키퍼 칼라〔スキポ　カルラ〕	skipper collar
テーラードカラー	西装领，缺嘴翻领	테일러 칼라〔テイルロ　カルラ〕	tailored collar
ピークドラペル	剑领，枪驳领	라펠정점〔ラペルチョンジョム〕	peaked lapel
ノッチドラペル	缺角西装领	칼라짓〔カルラキッ〕	notched lapel
クロバーカラー	首蓿叶型领	클로버 칼라〔クルロボ　カルラ〕	cloverleaf
アルスターカラー	厄尔斯特领，倒挂领	얼스터 칼라〔オルスト　カルラ〕	ulster collar

[V] 布帛製品用語　73

ナポレオンカラー	拿破仑领	나폴레옹 칼라〔ナポルレオン　カルラ〕	napoleon collar
リーファーカラー	双排钮西装领	리퍼 칼라〔リポ　カルラ〕	reefer collar
オープンカラー	开领	오픈 칼라〔オプン　カルラ〕	open collar
フラットカラー	平翻领, 袒领	플랫 칼라〔プルレッ　カルラ〕	flat collar
ロールカラー	翻领	롤 칼라〔ロル　カルラ〕	roll collar
セーラーカラー	海员领	세일러 칼라〔セイルロ　カルラ〕	sailor collar
へちまカラー	丝瓜领	롱숄 칼라〔ロンショル　カルラ〕	long shawl collar
ヘンリーカラー	半开襟汗衫领, 亨利领	헨리 칼라〔ヘンリ　カルラ〕, 헨리 네크라인〔ヘンリ　ネクライン〕	henly neck
ドレープカラー	悬垂领, 队纹领	드레이프 칼라〔ドゥレイプ　カルラ〕	draped collar
マオカラー	中国式领	차이니스 칼라〔チャイニス　カルラ〕	chainese collar
ボウタイ	领结	보 타이〔ポ　タイ〕	bow collar
アスコットタイ	蝉形阔领	애스컷 타이〔エスコッ　タイ〕	ascot tie
地衿	底领	밑깃〔ミッキッ〕	under collar
台衿	下领, 领下盘, 座领	깃받침〔キッパッチム〕	collar band
上衿	上领	깃마루〔キッマル〕	collar top

製品ディテール用語

衿腰	領高	깃운두〔キッウンドゥ〕	collar stand
衿吊り	領攀	걸고리〔コルコリ〕	hanging loop
衿先	領尖	깃끝〔キックッ〕	collar point
衿折り返し線	摺山	주름선〔チュルムソン〕	crease line
ラペル	折边, 翻領, 卜头	아랫깃〔アレッキッ〕, 라펠〔ラペル〕	lapel
衿きざみ	領边缺嘴	깃단〔キッタン〕	collar notch
衿渡り〔エッジ線〕	串口	죠지라인〔ジョジライン〕	gorge line
カラークロス	領衬布	칼라 클로스〔カラ クルロス〕, 깃감〔キッカム〕	collar cloth

◆袖	袖子	소매〔ソメ〕	sleeve

一枚袖	一片袖	한장 소매〔ハンジャン ソメ〕, 원피스 슬리브〔ウォンピス スルリブ〕	one piece sleeve
二枚袖	两片袖	두장 소매〔トゥジャン ソメ〕, 투피스 슬리브〔トゥピス スルリブ〕	two piece sleeve
外袖〔山袖〕	大片袖	웃소매〔オッソメ〕	top sleeve

[V] 布帛製品用語

内袖〔谷袖〕	小片袖	밑소매〔ミッソメ〕	under sleeve
半袖	短袖	짧은 소매〔チャルブン ソメ〕	short sleeve
長袖	长袖	긴소매〔キンソメ〕	long sleeve
ノースリーブ	无袖	빈소매〔ピンソメ〕, 슬리브리스〔スルリブリス〕	sleeveless
シャツスリーブ	衬衫袖	셔츠 슬리브〔ショチュ スルリブ〕	shirt sleeve
セットインスリーブ	装袖	세트인 슬리브〔セトゥイン スルリブ〕	set in sleeve
ドロップショルダー	落肩袖	드롭 숄더〔ドゥロプ ショルド〕	dropped shoulder
ラグランスリーブ	插肩袖, 马鞍袖	래글런 슬리브〔レグルロン スルリブ〕	raglan sleeve
ドルマンスリーブ	蝙幅袖	돌먼 슬리브〔ドルモン スルリブ〕	dolman sleeve
パフスリーブ	灯笼袖	퍼프 슬리브〔ポプ スルリブ〕	puff sleeve
タックドスリーブ	胖裥袖	턱 슬리브〔トク スルリブ〕	tucked sleeve
ギャザースリーブ	褶裥袖	개더 슬리브〔ゲド゚ スルリブ〕	gather sleeve
フレンチスリーブ	超短袖	프랜치 슬리브〔プレンチ スルリブ〕	french sleeve
ヨークスリーブ	抵肩袖	요크 슬리브〔ヨク スルリブ〕	yoke sleeve
サドルスリーブ	插肩袖	새들 슬리브〔セドゥル スルリブ〕	saddle sleeve

ケープスリーブ	披风袖	케이프 슬리브〔ケイプ スルリブ〕	cape sleeve
アメリカンスリーブ	美国袖, 无袖	노 슬리브〔ノ スルリブ〕, 무 소매〔ム ソメ〕	no sleeve
ロールアップスリーブ	折翻袖口	롤업 슬리브〔ロルオプ スルリブ〕	role up sleeve
カフス	袖口, 袖头	커프스〔コプス〕	cuff
シングルカフス	单袖口	싱글 커프스〔シングル コプス〕	single cuffs
ダブルカフス	双袖口	더블 커프스〔ドブル コプス〕	double cuffs
ウイングカフス	燕子袖口	윙 커프스〔ウィン コプス〕	wing cuffs
ケンボロ（袖口）	箭牌	소매트기〔ソメトゥギ〕	sleeve placket
ケンボロ（ウエスト）	腰头	허리트기〔ホリトゥギ〕	west placket
イッテコイ（袖口明）	宝剑头袖叉条, 袖开口包缝	겉덧단〔コットッタン〕	wrapper placket
袖口明きみせ	袖口开叉	소매덧단〔ソメトッタン〕	sleeve vent
袖口タブ	袖绊, 防风袖口	슬리브 탭〔スルリブ テプ〕	sleeve tab, storm tabs

[V] 布帛製品用語

◆ポケット	衣袋	호주머니〔ポジュモニ〕,주머니〔チュモニ〕	pocket
胸ポケット	手巾袋	가슴쪽의 주머니〔カスムチョゲ チュモニ〕	breast pocket
パッチポケット	貼袋,明袋	패치 포켓〔ペチ ポケッ〕,덧주머니〔トッチュモニ〕	patched pocket
箱ポケット	胖裥袋,箱式袋	웰트 포켓〔ウェルトゥ ポケッ〕	wide welt pocket
片玉ポケット	单嵌袋	외입술 주머니〔ウェイプスル チュモニ〕,홑입술 주머니〔ホッイプスル チュモニ〕	sigle welt pocket
玉縁ポケット	滚边袋,双嵌袋	파이핑 포켓〔パイピン ポケッ〕	piping pocket, double welt pocket
裏もみ玉ポケツト	细嵌袋	안주머니 입술 주머니〔アンチュモニ イプスル チュモニ〕	slender welt pocket
雨蓋ポケット	兜盖,衣袋盖	플랩 포켓〔プルレプ ポケッ〕	flap pocket
パッチ＆フラップ	贴盖式衣袋	패치＆플랩〔ペチ＆プルレプ〕	patch and flap
サイドポケット	側衣袋	사이드 포켓〔サイドゥ ポケッ〕	side pocket

スラッシュポケット	切縫衣袋	슬래시 포켓〔スルレシ ポケッ〕	slash pocket
斜ポケット	斜开衣袋	슬랜트 포켓〔スルレントゥ ポケッ〕	slant pocket (oblique)
シームポケット	摆缝袋	심 포켓〔シム ポケッ〕	seam pocket
折り返りポケット	反折衣袋	접어 뒤집는 주머니〔チョボ トゥイジムヌン チュモニ〕	turn back pocket
インサイドポケット	内袋	인사이드 포켓〔インサイドゥ ポケッ〕	inside pocket
アコーディオンポケット	褶裥式贴袋, 风琴带	아코디언 포켓〔アコディオン ポケッ〕	accordion pocket
ウォッチポケット	表袋	워치 포켓〔ウォチ ポケッ〕	fob pocket
後ポケット	后袋	백 포켓〔ベク ポケッ〕	back pocket
ピスポケット	后兜	힙 포켓〔ピプ ポケッ〕	hip(pis) pocket
カンガルーポケット	袋鼠袋	캥거루 포켓〔ケンゴル ポケッ〕	kangaroo pocket
サファリポケット	加裆衣袋	헌팅 포켓〔ホンティン ポケッ〕	hunting pocket
コインポケット	硬币袋	코인 포켓〔コイン ポケッ〕	coin pocket
内ポケット	内里袋, 暗门袋	안 주머니〔アン チュモニ〕	inside pocket
力布	加固布	바대〔パデ〕, 보강천〔ポガンチョン〕	reinforced patch

[V] 布帛製品用語

◆身頃	前后身	몸판〔モムパン〕	body
上前	门襟	겉자락〔コッチャラク〕	top fly
下前	里襟, 底襟	안자락〔アンジャラク〕	under fly
身返し	贴边, 领面, 挂面	페이싱〔ペイシン〕	facing
ひよく	暗门襟, 钮扣盖	플라이 프런트〔プルライ プロントゥ〕, 플래킷〔プルレキッ〕	fly front, concealed-button fly
前立て	门襟	플래킷〔プルレキッ〕, 덧단〔トッタン〕	placket front
ヨーク	育克, 抵肩, 复势	요크〔ヨク〕	yoke
ダーツ	省	다트〔ダトゥ〕	dart
タック	折缝	턱〔トク〕, 접어 박은 주름〔チョボ バグン チュルム〕	tuck
エルボーパッチ	肘部贴布	엘보 패치〔エルボ ペチ〕	elbow patch
ヘム	下摆	헴〔ヘム〕, 단〔タン〕	hem
打ち合わせ	叠合, 搭门	브레스트〔ブレストゥ〕	breast
シングルブレスト	单排钮扣	싱글 브레스트〔シングル ブレストゥ〕	single breasted
ダブルブレスト	双排钮扣	더블 브레스트〔ドブル ブレストゥ〕	double breasted

ジップアップ	开拉链	집업〔ジプオプ〕	zip up
ツーウェイ・ジッパー	双头拉链	투웨이 지퍼〔トゥウェイ ジポ〕	two way zipper
切り替え	打裥缝接	디자인 심〔ディジャイン シム〕	design seam
さい腹	西式上装侧片	사이드 패널〔サイドゥ ペノル〕	side panel
まち	拼角，拼条	액션 패널〔エクション ペノル〕	action panel
スラッシュ	长缝，开叉	슬래시〔スルレシ〕	slash
ベンツ	开叉，开缝，通风口	벤트〔ベントゥ〕	vent
センターベンツ	后中心开叉	센터 벤트〔セント ベントゥ〕	center vent
サイドベンツ	侧片开叉	사이드 벤트〔サイドゥ ベントゥ〕	side vent
フックベンツ	钩开叉	훅 벤트〔フク ベントゥ〕	hook vent
スリット	缝隙，裂缝，开叉	슬릿〔スルリッ〕	slit
カッターウェイ	男衫下摆裁成圆角	커터웨이〔コトウェイ〕	cut away
エポレット	肩章，肩饰	에폴레트〔エポルレトゥ〕,어깨장식〔オッケ ジャンシク〕	epaulet
肩章	肩章	견장(장교 군복의)〔キョンジャン（チャンギョ グンボゲ）〕	epaulet
アクションプリーツ	活络褶裥	액션 플리츠〔エクション プルリチュ〕	action pleat

[V] 布帛製品用語 81

フリル	褶边，荷叶边	프릴〔プリル〕	frill
フリンジ	流苏，缘饰	프린지〔プリンジ〕	fringe
ペプラム	腰部饰裥	페플럼〔ペプルロム〕	peplum
せっぱ	锁连，绊	체인 스티치〔チェイン スティチ〕	chain stitch loop
タブ	垂片，袋盖	태브〔テブ〕, 조름단〔チョルムダン〕	tab
ループ	圈，毛圈，绒圈	루프〔ルプ〕	loop
ライニング	衬里，衬料，覆盖	라이닝〔ライニン〕, 안감〔アンガム〕	lining
フード	风帽，头巾，罩盖	후드〔フドゥ〕	hood
紐とうし	抽带	졸라매는 끈〔チョルラメヌン クン〕	drawstring
ドローストリング	抽带	드로스트링〔ドゥロストゥリン〕	drawstring

◆パンツ	裤子	팬츠〔ペンチュ〕	pants

ベルト	腰带，衣带，皮带	벨트〔ベルトゥ〕	belt
ベルト通し	小绊带，串带绊	벨트 루프〔ベルトゥ ルプ〕	belt loop
バックル	皮带扣	버클〔ボクル〕	buckle

ストラップ	皮帯,布帯,吊帯	스트랩〔ストゥレプ〕	strap
スレーキ	轧光斜纹棉布	슬리크〔スルリク〕	sleek
ズボン腰裏	裤腰衬里布	웨이스트밴드 라이닝〔ウェイストゥベンドゥ ライニン〕	waistband lining
マーベルト（日）	裤腰帯衬,雨水帯	바지 허리〔パジ ホリ〕,안감〔アンガム〕	waistband lining
天狗〔前立て持出し〕	底襟,尖嘴	댕고〔テンゴ〕,단추집 덧댐감〔タンチュジプ トッテムガム〕	fly for trousers
引っ張り〔W前内鈎かけ〕	西服里面的垂片	인사이드 태브〔インサイドゥ テブ〕,안조름단〔アンジョルムダン〕）	inside tab
小股	裤裆	앞섶밑솔기〔アプソプミッソルギ〕	crutch
しりシック	小裆里子	뒷솔기 시접싸개〔トゥイッソルギ シジョプサゲ〕	crutch lining
膝当て布	膝盖绸	무릎 안감〔ムルプ アンガム〕	reniforced knee lining
折返し（ズボン）	卷边	접어 뒤집기〔チョボ トゥイジプキ〕	turn up
カットアウト〔ヘム〕	切口,切断	컷아웃〔コッアウッ〕	cut out (hem)
くつずれ布	脚条	바지밑단〔パジミッタン〕	heel stay

[VI] 布帛製品関係検品用語

検品 欠陥用語	验货 缺点用语	검사 결점 용어〔コムサ キョルチョム ヨンオ〕	inspection defect
◆生地・原料	布料, 面料	생지・원료〔センジ・ウォンリョ〕	fabric
生地不良	布料不良	생지 불량〔センジ プルリャン〕	fabric defect
等級	等级	등급〔トゥングプ〕	grade
織りキズ	织疵	제직 결점〔チェジク キョルチョム〕	woven defect
織りムラ	云斑, 云织	언이븐 클로드〔オニブン クルロドゥ〕	uneven
柄不正	花纹不正	패턴 불량〔ペトン プルリャン〕	irregular pattern
斜行〔ゆがみ〕	斜歪	스큐어〔スキュオ〕,사행〔サヘン〕	skewed
密度不良	织物经纬密度不良	밀도 불량〔ミルト プルリャン〕	density defect
強度不足	织物强度不良	강력 불량〔カンリョク プルリャン〕	fabric strength defect
織物整理不良	织物整理不良	직물가공 불량〔チンムルカゴン プルリャン〕	finishing defect

84 檢品 欠陥用語

スリップ	滑动	슬립〔スルリプ〕	slip
波打ち	布面波浪, 起伏	웨이비〔ウェイビ〕, 파형직물〔パヒョンチンムル〕	wavy
スラブ	粗节, 大肚纱	슬러브〔スルロブ〕	slubs
ネップ	毛粒, 棉结, 麻粒	넵〔ネプ〕	nep
スナール	扭结	스날〔スナル〕	snarl
スラグ	粗结	스랙〔スレク〕, 매듭〔メドゥプ〕	slug
ガミング	布边胶	거밍그〔コミング〕	gamming
破れ	破洞	파손〔パソン〕	hole, broken
汚れ	织污	오염〔オヨム〕	stain
油汚れ	油污	기름 오염〔キルム オヨム〕	oil stain
汚染	污染	오염〔オヨム〕	staing
移染	泳染	이염〔イヨム〕	migration
リードマーク	筘路	리드 마크〔リドゥ マク〕	read mark
ウォータースポット	水污, 水花	물 오염〔ムル オヨム〕, 워터 스폿〔ウォト スポッ〕	water spot
飛び込み	飞花	플라이〔フルライ〕	fly

[VI] 布帛製品関係検品用語

色むら	色差	색상차〔セクサンチャ〕	difference in color
ちゅうき	深边, 布边色差	변부색상차〔ピョンブセクサンチャ〕	shaded edge to center
色にじみ〔色泣き〕	色滲斑, 色化斑	색 퍼짐〔セク ポジム〕	spread color
色褪せ	褪色	퇴색〔テセク〕	fading color
針汚れ	针污迹	바늘 자국〔パヌル チャグク〕, 바느질 자국〔パヌジル チャグク〕	stain by needle
よりむら	捻度不匀	트위스트 불량〔トゥウィストゥ プルリャン〕, 꼬임 불균형〔コイム プルギュニョン〕	uneven twist
悪臭	悪臭	악취〔アクチュイ〕	bad smell
かぶり	浮色	겹침〔キョプチム〕, 주름잡힘〔チュルムチャッピム〕	bronzing
さらし戻り	漂白泛黄	표백불량〔ピョベクプルリャン〕	fading of bleach
失透	消光	변색〔ピョンセク〕, 광택이 소실됨〔クァンテギ ソシルデム〕	deluster
熱変色	泛色	열에 의한 변색〔ヨレ ウィハン ピョンセク〕	heat fading
のり汚れ	飞浆	풀 얼룩〔プル オルルク〕	pasty stain

反違い・かま違い	染批色差匹差，罐差	피스(필)별 색상차〔ピス（ピル）ビョル セクサンチャ〕	color difference by each role or each bath
プリント不良	印花不匀	프린트 불량〔プリントゥ プルリャン〕, 날염 불량〔ナリョム プルリャン〕	printing defect
柄ずれ	花纹走样	무늬깎임〔ムニカギム〕	printing shear
配色違い	配色錯誤	배색차〔ペセクチャ〕	difference in color combination
モアレ	波型熨烫迹	무아레〔ムアレ〕	moire read
風合い不良	手感不良	촉감 불량〔チョクカム プルリャン〕	bad hand feel
手ざわり	手感不良	촉감 불량〔チョクカム プルリャン〕	bad hand feel
堅い	手感太硬	딱딱함〔タクッタカム〕	hard
光沢がない	没有光泽	광택 불량〔クァンテク プルリャン〕	no shine
整理不良	整理不良	가공 불량〔カゴン プルリャン〕	finishing defect
起毛不良	起毛不良	기모 불량〔キモ プルリャン〕	brushing defect
残臭	残臭	잔취〔チャンチュイ〕,냄새〔ネムセ〕	remaining odor

[VI] 布帛製品関係検品用語

◆製品	制品, 成品	완제품 의류〔ウァンジェプム ウィリュ〕	garments
着用不能	穿不上	착용 불능〔チャギョン プルルン〕	can not wear
形態不良	形态不齐	형태 불량〔ヒョンテ プルリャン〕	poor shape
外観不良	外观不好	외관 불량〔ウェグァン プルリャン〕	poor looks
サイズ不良	尺寸不当	사이즈 불량〔サイジュ プルリャン〕	defective size
地の目不正	织纹歪斜	직물표면 불량〔チンムルピョミョン プルリャン〕	not grain straight
逆毛	反织纹, 光面	역모〔ヨンモ〕	reverse grain
逆目	反织纹	반대조직〔パンデジョジク〕	against grain
ミシン糸不良	缝线不良	봉사 불량〔ポンサ プルリャン〕	sewing thread
ミシン糸色不適合	缝线颜色不当	봉사색상 불량〔ポンサセクサン プルリャン〕	not suitable thread color
縫い代不足	缝份不足	봉제여유 부족〔ポンジェヨユ プジョク〕	seam allowance short
縫い代処理不良	缝份处理不良	봉제여유 처리불량〔ポンジェヨユ チョリプルリャン〕	defective seam trimming

アイロン焼け	熨烫发亮	다리미 자국〔タリミ　チャグク〕, 아이언 얼룩〔アイオン　オルルク〕	fading by iron
芯据え位置不良	衬线位置不良	싱가봉 불량〔シンガボン　プルリャン〕, 심지 접착불량〔シムジ　チョプチャクプルリャン〕	bad basting interlining
プレスあたり	熨烫迹	프레스 자국〔プレス　チャグク〕	press mark
プレス収縮	熨烫收缩	프레스로 인한 수축〔プレスロ　イナン　スチュク〕	shrinkage by pressing
衿縫い不良	领缝不良	깃달이 봉제 불량〔キッタリ　ポンジェ　プルリャン〕	defective sewing collar
衿左右違い	领形左右不匀	깃좌우 불균형〔キッチャウ　プルギュニョン〕	unsymmetric collar
衿付け不良	领子缝合不良	깃단달이 상태 불량〔キッタンダリ　サンテ　プルリャン〕	defective sewing collar
表衿弛み不足〔スプーン〕	表领松份不够〔领尖反翘〕	겉깃감 여유 부족〔コッキッカム　ヨユ　プジョク〕,스푼〔スプン〕	collar face side no ease
ラペル止り不良	翻领止点不良	라펠붙임 불량〔ラペルプチム　プルリャン〕	defective lapel end

ラペル返り不良	翻領翻形不良	라펠안단 불량〔ラペルアンダン　プルリャン〕	defective lapel
前立て不良	縫门襟不良	덧단 불량〔トッタン　プルリャン〕	defective fly front
前打合わせ不揃い	前搭门不齐，叠门不匀	앞섶 포갬상태 정리〔アプソプ　ポゲムサンテ　チョンニ〕	unsymmetry front
前身の拝み	前身重叠	앞자락 겹침〔アプチャラク　キョプチム〕	acissoring at front
前身の逃げ	前身开松	앞자락 벌어짐〔アプチャラク　ポロジム〕	fluttering front
袖付け不良（座りが悪い）	上袖不良	소매달이 불량〔ソメダリ　プルリャン〕	defective sleeve hanging
袖前振り（進み）	袖子偏前，袖口偏前	소매달이 불량(앞)〔ソメダリ　プルリャン（アプ）〕	sleeve hanging forward
袖後振り（逃げ）	袖子偏后，袖口偏后	소매달이 불량(뒤)〔トメダリ　プルリャン（トゥイ）〕	sleeve hanging backward
袖付けいせ込み不良	袖山头缩缝不良	소매달이 잔주름 잡기불량〔ソメダリ　チャンジュルム　チャプキプルリャン〕	defective fullness, defective easy-in
袖口不良	袖口縫制不良	소매부리 불량〔ソメブリ　プルリャン〕	defective sleeve hem

検品 欠陥用語

明き見せ不良	袖口开叉不良	소매타게단 불량〔ソメタゲダン　プルリャン〕,프라켓〔ブラケッ〕	defective sleeve placket
芯据え不良	贴衬不良	밑단심지 접착불량〔ミッタンシムジ　チョプチャクプルリャン〕	defective basting interlining
接着強力不足	粘合强度不足	접착강력 불량〔チョプチャクカンニョク　プルリャン〕	defective adhesion
接着剤のにじみ出し	粘合剂渗出	접착제 퍼짐〔チョプチャクチェ　ポジム〕	oozing out of adhesion agent
えくぼ	凹皱	잔 주름〔チャン　ジュルム〕	dimple wrinkle
ダーツえくぼ	省尖起泡	다트끝 불량〔ダトゥック　プルリャン〕	untractive pebble
たすきじわ	挂带皱，胸部斜皱	불균형 퍼커링〔プルギュニョン　ポコリン〕	diagonal crease, puckerring down from collar
抱きじわ	领边的缩皱	굴곡 퍼커링〔クルゴク　ポコリン〕	wrinkle slope
突きじわ	后领皱	목 뒤 주름〔モク　トゥイ　ジュルム〕	crease in back neck
パット付け不良	肩垫缝合不良	패드붙임 불량〔ペドゥプチム　プルリャン〕	defective sewing pad
ポケット付け不良	口袋缝接不良	포켓붙임 불량〔ポケプチム　プルリャン〕	defective sewing pockets

ファスナー付け不良	拉链缝合不良	파스너 붙임 불량〔パスノ プチム プルリャン〕	defective sewing fastener
ウエストベルト付け不良	腰带缝合不良	웨이스트벨트 붙임 불량〔ウェイストゥベルトゥ プチム プルリャン〕	defective sewing waist-belt
ウエストゴム付け不良	腰围松紧带不良	일래스틱벨트(고무) 불량〔イルレスティクベルトゥ(ゴム) プルリャン〕	defective waist elastic belt
パンツ前明き不良	裤子暗门襟不良	앞섶 불량〔アプソプ プルリャン〕(바지〔パジ〕)	defective fly front for trousers
ベルト通し不良	小绊带不良	벨트고리 불량〔ベルトゥゴリ プルリャン〕	defective belt loop
小股入れ不良	裤裆缝不良	가랭이봉제 불량〔カレンイボンジェ プルリャン〕	defect at crotch
十字合わせ不良	十字交差缝接不良	십자 교차 봉합 불량〔シプチャ キョチャ ポンハプ プルリャン〕	defective crease crotch
かんぬき止め不良	加固缝不良	빗장막음 불량〔ピッチャンマグム プルリャン〕	defective bar tuck
ヘム始末不良	折边缝不良	단(헴)봉제 불량〔タン(ヘム)ボンジェ プルリャン〕	defective hemming

すくい縫い不良	暗縫不良	공그르기 불량〔コングルキ　プルリャン〕	defective blind stitch
裏付け不良	里布縫合不良	안감붙임 불량〔アンガムプチム　プルリャン〕	sewing lining defect
裏地ゆるみ不足	里布松份不足	안감 여유부족〔アンガム　ヨユプジョク〕	lining size too tight
裏地のふき出し	里布反吐	안감 과다여유〔アンガム　クァダヨユ〕	lining size too loose
裏地色不適合	里布顔色不合	안감 색상불량〔アンガム　セクサンプルリャン〕	not suitable lining color
せっぱ付け忘れ	忘縫线袢	빗장박음 누락〔ピッチャンバグム　ヌラク〕	no chain stitch loop
ボタンホール不良	钮孔不良	단추구멍 불량〔タンチュグモン　プルリャン〕	defective buttonhole
ボタン付け不良	钉扣不良	단추달이 불량〔タンチュタリ　プルリャン〕	defective button sewing
ボタン付け根巻き不良	绕扣线不良	단추붙임 실기둥 불량〔タンチュプチム　シルキドゥン　プルリャン〕	defective button seam coiling
スペアーボタン忘れ	忘订备扣	여유단추 누락〔ヨユタンチュ　ヌラク〕	forgot spare

力ボタン付け忘れ	忘订力扣	백 버튼 빠짐〔ベク　ボトゥン　パジム〕	forgot back button
メス切れ不良	扣刀不良	홀커팅 불량〔ホルコティン　プルリャン〕	hole cutting defect
柄合わせ不良	对花样不合	무늬맞춤 불량〔ムニマッチュム　プルリャン〕	defective pattern fitting
仕上げ不良	后整理不良	마무리 불량〔マムリ　プルリャン〕	finishing defect
アイロン当たり	熨烫发亮	다림질 자국〔タリムジル　チャグク〕	flattening, press mark
折り目線ゆがみ	烫迹线斜歪	접음선 늘어짐〔チョブムソン　ヌロジム〕	irregular pleats
テカリ	熨烫过度发亮	번쩍임〔ポンチョギム〕	glazing, shining
チャコ汚れ	划粉污渍	초크 오염〔チョク　オヨム〕	chalk stain
レース付け不良	花边缝合不良	레이스 붙임 불량〔レイス　プチム　プルリャン〕	defective sewing lace
刺繍不良	绣花不良	자수 불량〔チャス　プルリャン〕	defective embroidery
プリーツ不良	打绉不良	플리츠 불량〔プルリチュ　プルリャン〕	defective pleats
パイピング不良	包边不良	파이핑 불량〔パイピン　プルリャン〕	defective piping

ギャザー寄せ不良	縫打绉不匀	개더 불균일〔ケド プルギュニル〕	irregular gathering
アップリケ不良	贴花绣不良	아플리케 불량〔アプルリケ プルリャン〕	defective applique
中綿不良	衬垫不良	쿠션면 불량〔クションミョン プルリャン〕	defective cushioning material
キルティング不良	绗缝布不良	퀼팅 불량〔クィルティン プルリャン〕	defective quilting
剥離	剥离	박리〔パンニ〕,떨어짐〔トロジム〕, 벌어짐〔ポロジム〕	exfoliation
表示類間違い	标签类错混	표지류 붙임 착오〔ピョジリュ プチム チャゴ〕	wrong label & tag
表示類付け不良	标签类缝接不良	표지류 붙임 불량〔ピョジリュ プチム プルリャン〕	defective sewing label and tag
◆縫製	縫制	봉제〔ポンジェ〕	sewing
ミシン針目粗すぎ	缝纫针迹太粗	러프 스티치〔ロプ スティチ〕	rough stitch
ミシン針目細すぎ	缝纫针迹太细	클로드 스티치〔クルロドゥ スティチ〕	crowd stitch

[VI] 布帛製品関係検品用語　95

縫い糸切れ	縫线断头	봉사사절〔ポンササジョル〕	thread breakage
縫い糸始末不良	线头处理不良	봉사 끝처리 불량〔ポンサ　クッチョリ　プルリャン〕	defective trimming
縫い糸調子不良	縫线调整不良	봉사 불균일〔ポンサ　プルギュニル〕	irregular seam
縫いつれ	縫皱，起皱	심 늘어짐〔シム　ヌロジム〕	drawing pucker
縫い縮み	縫缩	심 수축〔シム　スチュク〕	seam shrinkage
縫いはずれ	脱线	봉사 빠짐〔ポンサ　パジム〕	seam fail
縫い目飛び	跳縫	봉사 건너뜀〔ポンサ　コンノトゥイム〕,뜀땀〔トゥイムタム〕	skipped stitch
縫い目強度不足	縫迹强度不足	봉사 강력 부족〔ポンサ　カンニョク　プジョク〕	seam strength shortage
縫い目曲がり	縫迹歪斜	심 굽음〔シム　クブム〕	crooked stitch
縫い目伸度不足	縫迹弹伸力不足	심 신도 부족〔シム　シンド　プジョク〕	seam elongation shortage
縫い目ほつれ	縫迹绽开	박음새 풀림〔パグムセ　プルリム〕	unraveling stitch
縫い目ラン	漏针	심 런(박음자리)〔シム　ロン(パグムジャリ)〕	seam run

縫い目パンク	縫破洞	박음자리 풀림〔パグムジャリ プルリム〕	seam breakage
縫い目笑い	縫迹松散	박음새 불균일〔パグムセ プルギュニル〕	loose stitch
飾りステッチ不良	装飾迹不良	장식 스티치 불량〔チャンシク スティチ プルリャン〕	defective top stitch
巻きはずれ	脱包縫	겹침 시접 풀림〔キョプチム シジョプ プルリム〕	defective lapping
シームパッカリング	縫迹收縮	심 퍼커링〔シム ポコリン〕	seam puckering
とじ不良	接結縫不良	끝막음 불량〔クッマグム プルリャン〕	defective closing
針跡	針洞疵	바늘홈〔パヌルフム〕, 자국〔チャグク〕	needle hole
送り歯疵	推布齒疵, 狗齒痕	톱니판 자국〔トムニパン チャグク〕	feed dog damage

[Ⅶ] パターン用語

パターン用語	纸样，裁剪纸板用语	패턴 용어〔ペトン ヨンオ〕	words for pattern
パターン	纸样，纸板	패턴〔ペトン〕	pattern
パターン指示	纸样说明，纸样规格	패턴 지시〔ペトン チシ〕	pattern specification
パターンメーキング	描纸样，打板	패턴 메이킹〔ペトン メイキン〕	pattern making
パタンナー	打板师	패터너〔ペトノ〕,패턴 메이커〔ペトン メイコ〕	patterner
原型	原型，标准纸样	원형〔ウォニョン〕	prototype
スローパー	原型	원형〔ウォニョン〕,슬로퍼〔スルロポ〕	sloper
体形	体型	체형〔チェヒョン〕	body shape
シルエット	线条，轮廓	실루엣〔シルエッ〕	silhouette
マスターパターン	原始纸样	마스터 패턴〔マスト ペトン〕,기준 옷본〔キジュン オッポン〕	master pattern
イメージパターン	影像纸样	이미지 패턴〔イミジ ペトン〕	image pattern
ファーストパターン	原序纸样，第一纸样	퍼스트 패턴〔ポストゥ ペトン〕	first pattern

修正パターン	修正紙様	수정 패턴 〔スジョン ペトン〕	correct pattern
工業用パターン	工業用紙様	공업용 패턴 〔コンオプヨン ペトン〕	industrial pattern
出来あがりパターン	浄尺寸紙様	실제 사이즈 패턴 〔シルチェ サイジュ ペトン〕	actual size pattern
縫い代付きパターン	毛尺寸紙様	커팅 패턴 〔コティン ペトン〕	cutting pattern
表地用パターン	面料紙様	겉감용 패턴 〔コッカムヨン ペトン〕	pattern for face faric
裏地用パターン	里布紙様	안감용 패턴 〔アンガムヨン ペトン〕	pattern for lining
芯地用パターン	衬布紙様	심지용 패턴 〔シムジヨン ペトン〕	pattern for interlining
増し芯用パターン	加衬的紙様	심지 보강용 패턴 〔シムジ ポガンヨン ペトン〕	pattern for additionalinterlining
グレーディングパターン	分級紙様, 分尺寸紙板, 推板	그레이딩 패턴 〔グレイディン ペトン〕	grading pattern
コンピューター グレーディング	电脑分尺寸紙様	컴퓨터 그레이딩 〔コムピュト グレイディン〕	computer grading
パターンコピー	紙様复印	패턴 카피 〔ペトン カピ〕	copied pattern
パターン用紙	打板紙	패턴 용지 〔ペトン ヨンジ〕	draft paper

[VII] パターン用語

トレーシングペーパー	描図紙, 透明紙	트레이싱 페이퍼〔トゥレイシン ペイポ〕	tracing paper
製図台	制図板, 制図桌	제도대〔チェドデ〕	drafting table
平面製図	平面図, 平面紙样	평면제도〔ピョンミョンチェド〕	flat pattern
立体裁断	立体裁剪	입체 재단〔イプチェ チェダン〕	draping
ボディ〔ダミー〕	人体模型	보디 인대〔ボディ インデ〕	body, dummy, stand
ドレスフォーム(弛み入)	有松分的人体模型	드레스 폼〔ドゥレス ポム〕	dress form
吊り型全身ボディ	吊型人台	전신용 인대〔チョンシンヨン インデ〕	hanging dummy
トワル	立体裁剪用胚布, 棉布	트왈〔トゥワル〕	toile, sheating
シーティング	立体裁剪用胚布, 棉布	트왈〔トゥワル〕	toile, sheating
ピンワーク	用針做型	핀워크〔ピンウォク〕	pin work
メジャー	布尺, 软尺	줄자〔チュルチャ〕	tape measure
さし	尺	자〔チャ〕, 스케일〔スケイル〕	scale, ruler
方眼尺	方格尺	방안자〔パンアンジャ〕, 척〔チョク〕	graph scale
カーブ尺〔なまこ〕	曲線尺, 曲尺	곡자〔コクチャ〕	curved ruler
Dカーブ尺	D曲线尺, D尺	D곡자〔Dコクチャ〕	D curved ruler

100　パターン用語

直角尺	直角尺	직각자〔チッカクチャ〕, 척〔チョク〕	right angle ruler, tailor's square
縮尺定規	比例尺	비례자(척)〔ピレジャ(チョク)〕	reduced scale
ドレスピン	大头针	드레스 핀〔ドゥレス ピン〕, 구슬 핀〔クスルピン〕	dress pin
ピンクッション	针垫	핀 쿠션〔ピン クション〕	pin cushion
チャコ	划粉	초크〔チョク〕	chalk
チャコペーパー	划粉纸	초크 페이퍼〔チョク ペイポ〕	chalk paper
裁ちばさみ	剪刀	가위〔カウィ〕	scissors
小鋏み	纱剪, 小剪刀	소가위〔ソガウィ〕	small scissors
ピンキング鋏み	齿边布样剪刀	핑킹 가위〔ピンキン カウィ〕	pinking scissors
目打ち	钻孔锥子	송곳〔ソンゴッ〕	awl
ルレット	点线轮盘	룰렛〔ルルレッ〕	roulette
重り	镇纸, 镇石	중량〔チュンリャン〕, 무게〔ムゲ〕	weight
鏡	镜子	거울〔コウル〕	mirror
仮縫い	试样缝, 假缝	시침질〔シチムジル〕, 베이스팅〔ベイスティン〕	basting, try on

しつけ糸	假縫线, 纴縫线	시침질실〔シチムジルシル〕	basting thread
地の目方向	纱向, 布纹, 布向	경사방향〔キョンサパンヒャン〕	fabric wale
順目方向	順向	정방향〔チョンパンヒャン〕	regular way
逆目方向	反向	역방향〔ヨクパンヒャン〕	reverse way
一方方向	単行布向	일방방향〔イルバンパンヒャン〕, 원웨이〔ウォンウェイ〕	one way
前中心線	前中心线	앞중심선〔アプチュンシムソン〕	front center line
後中心線	后中心线	뒤중심선〔トゥイチュンシムソン〕	back center line
上身頃	上身	위몸판〔ウィモムパン〕	upper body
前身頃	前身	앞몸판〔アンモムパン〕	front body
後身頃	后身	뒤몸판〔トゥイモムパン〕	back body
バストライン	胸围线	버스트라인〔ボストゥライン〕	bust line
ウエストライン	腰围线	웨이스트라인〔ウェイストゥライン〕	waist line
ヒップライン	臀围线	힙라인〔ヒプライン〕	hip line
ヘムライン	下摆线	헴라인〔ヘムライン〕	hem line
ネックライン	领圈线	네크라인〔ネクライン〕	neck line

ショルダーポイント	肩峰	숄더 피크〔ショルド ピク〕	shoulder peak
アームホール	袖根線	암홀〔アムホル〕	arm hole
内天幅	含罗纹的后领宽	리브사이즈 포함된 뒷 목둘레〔リブサイジュ ポハムデン トゥイッ モクトゥルレ〕	back neck width with rib
外天幅	不含除罗纹后领宽	리브사이즈 포함되지 않은 뒷 목둘레〔リブサイジュ ポハムデジ アヌン トゥイッ モクトゥルレ〕	back neck width with out rib
ひじ線	肘管线	엘보 라인〔エルボ ライン〕	elbow line
持ち出し線	贴边线，接边线	페이싱 라인〔ペイシン ライン〕	facing line , placket line
衿付け線	领深线，领弧线	네크라인〔ネクライン〕	neck line
衿ぐり	领深线，领弧线	네크라인〔ネクライン〕	neck line
衿付け止り	撇门，撇止口	네크 포인트〔ネク ポインントゥ〕	neck point
サイドネックポイント	领圈要点	사이드네크 포인트〔サイドゥネク ポイントゥ〕	side neck point
ラペル線	翻领线，卜头线	라펠 라인〔ラペル ライン〕	lapel line
袖付け線	装（上）袖子线	소매달이선〔ソメダリソン〕	sleeve setting line

ピッチ	节距	피치〔ピチ〕	pitch
胸ダーツ	胸省	가슴 다트〔カスム ダトゥ〕, 체스트 다트〔チェストゥ ダトゥ〕	chest dart
肩ダーツ	肩省	어깨 다트〔オッケ ダトゥ〕, 숄더 다트〔ショルド ダトゥ〕	shoulder dart
袖山	袖山头	소매마루〔ソメマル〕	sleeve cap
内袖	小袖片	안소매〔アンソメ〕	under sleeve
外袖	大袖片	밖소매〔パクソメ〕	top sleeve
袖の座り	装袖形态	소매자리〔ソメジャリ〕	sleeve shape
袖の振り	装袖方向	소매길이〔ソメギリ〕	sleeve hanging
ヨーク位置	育克线, 又克线	요크 라인〔ヨク ライン〕	yoke line
切り替え線	剪接线	커팅 라인〔コティン ライン〕	cutting line
ポケット位置	衣袋位置	포켓 위치〔ポケッ ウィチ〕	pocket position
ファスナー止まり位置	拉链缝结位置	파스너 엔드〔パスノ エンドゥ〕	fastener end
ダーツ	省	다트〔ダトゥ〕	dart
ダーツ移動	省份移动	다트 이동〔ダトゥ イドン〕	dart transfer

ダーツの逃がし方	省份処理	다트박기 방향〔ダトゥバッキ　パンヒャン〕	way of dart transfer
タック	褶	턱〔トク〕	tuck
ギャザー	碎褶	개더〔ゲド〕	gather
プリーツ〔ひだ〕	打褶	플리츠〔プルリチュ〕	pleats
プリーツ方向	搭褶方向	플리츠 방향〔プルリチュ　パンヒャン〕	pleat direction
ひだ山	褶山	플리츠 톱〔プルリチュ　トプ〕	pleat top
ひだ奥	褶里，褶褶窩边	플리츠 언더〔プルリチュ　オンド〕	pleat bottom
プリーツ代	褶里深，折叠宽	주름 안기장〔チュルム　アンギジャン〕	pleat inside width
プリーツ紙	织物打褶用模纸	플리츠 패턴〔プルリチュ　ペトン〕	pleating pattern
縫い代	縫份，窩边	봉제 여유〔ポンジェ　ヨユ〕	seam allowance
縫い代倒し方向	倒縫份的方向	솔기 고정박기 방향〔ソルギ　コジョンバッキ　パンヒャン〕	seam folding directi on
ドレープ	悬垂	드레이프〔ドゥレイプ〕	drape
基準線	基准线	기준선〔キジュンソン〕	datum line, foundati on line
カーブ線	曲线	커브 라인〔コブ　ライン〕	curved line

垂直線	垂直线	수직선 〔スジクソン〕	vertical line
水平線	水平线	수평선 〔スピョンソン〕	horizontal line
斜線	斜线	사선 〔サソン〕	oblique line
範囲〔程度〕	范围, 程度	범위 〔ポミ〕	extend
ゆとり分量	松份	여유분 〔ヨユブン〕	ease
厚み	厚度	두께 〔トゥッケ〕, 후도 〔フド〕	thickness
垂れ分	垂份	늘어트림 〔ヌロトゥリム〕	droop
おち	织物悬垂性	드레이프성 〔ドゥレイプソン〕	fabric fall
ドレープ性	织物悬垂性	드레이프성 〔ドゥレイプソン〕	fabric fall
縫い止り	縫完, 縫結	재봉끝 〔チェボンクッ〕	sewing end
ステッチ幅	针迹宽	스티치 폭 〔スティチ ポク〕	stitch width
柄位置	花样位置	무늬 위치 〔ムニ ウィチ〕, 패턴 위치 〔ペトン ウィチ〕	pattern location
刺繍位置	刺绣位置	자수 위치 〔チャス ウィチ〕	embroidery location
一枚仕立て	单层做缝	한 장으로 된 옷 〔ハンジャンウロ テン オッ〕	single face

裏なし	无里	라이닝 없는것 〔ライニン オムヌンゴッ〕	no lining
総裏	全夹里, 全衬里	전체 라이닝 〔チョンチェ ライニン〕	full lining
半裏	半夹里, 半衬里	반 라이닝 〔パン ライニン〕	half lining
背抜き	前夹后单	백 라이닝 없는것 〔ベク ライニン オムヌンゴッ〕	no back lining
ふらし	里布下摆不缝合	고정시키지 않음 〔コジョンシキジ アヌム〕	no fixing
スカート裏	裙里	스커트 라이닝 〔スコトゥ ライニン〕	skirt lining
ペチコート(別付け)	内裙	페티코트 〔ペティコトゥ〕	petticoat

パターン記号	制图符号	패턴 기호 〔ペトン キホ〕	pattern mark
実線	实线	실선 〔シルソン〕	practice line
点線〔破線〕	点线, 虚线	점선 〔チョムソン〕	dotted line
直線	直线	직선 〔チクソン〕	straight line
仕上がり線	净样符号, 制成线	밖절단선 〔パクチョルタンソン〕	out line mark

[Ⅶ] パターン用語

裁ち切り線	毛样符号	절단선〔チョルタンソン〕	cutting line mark
身返し線	翻边线，点划线	덧댐 위치선〔トッテム ウィチソン〕	facing line
折り線	折线，双点线	접힘선〔チョッピムソン〕	crease line
ステッチ印	明线符号	눌러박기선〔ヌルロバッキソン〕	top stitch mark
直角印	直角符号	직각표시〔チッカクピョシ〕	right angle mark
等分線	等分线	등분선〔トゥンブンソン〕	epuation line
ファンクション線	机能线	기능선〔キヌンソン〕	function line
バイヤス	斜线，斜条	바이어스〔バイオス〕	bias mark
輪（わ）	连接线，延展线	원표시〔ウォンピョシ〕	link mark
伸ばす	拉伸	늘어짐〔ヌロジム〕	stretch mark
いせる〔縮める〕	归缩	수축〔スチュク〕	easing , shrink mark
ひだ代〔タック代〕	裥位线，活褶	주름잡기선〔チュルムジャプキソン〕	pleat line
合標	对合	표시〔ピョシ〕,형 넣기〔ヒョン ノッキ〕）	marking
ノッチ印	缺口，对刀口	표시〔ピョシ〕,봉제위치 표시〔ポンジェウィチ ピョシ〕	notch mark
ダーツ印	省符号	다트표시〔ダトゥピョシ〕	dart line

ギャザー印	碎褶符号	주름표시〔チュルムピョシ〕	gather mark
交差(重ね)	重叠符号, 交叠号	겹침표시〔キョムチムピョシ〕	overlapping mark
突き合わせ印	拼接符号	포개기 표시〔ポゲギ ピョシ〕	piece together mark
距離線	距离线	거리표시선〔コリピョシソン〕	distance line
省略印	省略符号	생략표시〔センニャクピョシ〕	short cut mark
布目	经向符号	경사방향〔キョンサパンヒャン〕, 직물방향〔チンムルパンヒャン〕	fabric wale
毛並み・ひだ方向	順向符号	정방향〔チョンパンヒャン〕	reguler way
ボタン付け位置	扣位	단추 위치〔タンチュ ウィチ〕	button location
ボタンホール位置	扣眼位	단추구멍 위치〔タンチュグモン ウィチ〕	button hole location
目打ち印	打眼記号	구멍뚫기 위치〔クモントゥルキ ウィチ〕	drilling mark

パターン記号　制图符号　패턴기호　pattern mark

呼　称	マーク	呼　疚	호　칭	mark
実線	———————	实线	실선	practice line
点線〔破線〕	- - - - - - - - -	点线，虚线	점선(파선)	dotted line
直線	———————	直线	직선	straight line
仕上がり線	⌒	净样符号，制成线	밖절단선	out line mark
裁ち切り線	⫽	毛样符号	절단선	cutting line mark
身返し線	— — — — —	翻边线，点划线	덧댐선	facing line
折り線	— - - — - - —	折线，双点线	접힘선	crease line

ステッチ印	·----------	明线符号	눌러박기선	top stitch mark
直角印	⌐	直角符号	직각표시	right angle mark
等分線		等分线	등분선	epuation line
バイヤス		斜线，斜条	바이어스	bias mark
輪（わ）		连接线，延展线	원표시	link mark
伸ばす		拉伸	늘어짐	stretch mark
いせる〔縮める〕		归缩	수축	easing, shrink mark
ひだ代・タック代		裥位线，活褶	주름잡기선	pleat line

[VII] パターン用語 111

合標 ノッチ印		対合 缺口，对刀口	형넣기 봉제위치 표시	marking notch mark
ダーツ印		省符号	다트표시	dart line
ギャザー印		碎褶符号	주름표시	gather mark
交差〔重ね〕		重叠符号，交叠号	겹침표시	overlapping mark
突き合わせ印		拼接符号	포개기 표시	piece together mark
距離線		距离线	거리표시선	distance line
省略印		省略符号	생략표시	short cut mark

パターン記号

布目	↓ ↑	经向符号	경사방향	fabric wale
毛並み・ひだ方	—	順向符号	정방향	reguler way
ボタン付け位置	⊕	扣位	단추 위치	button location
ボタンホール位置	┝━┥	扣眼位	단추구멍 위치	button hole locatio
目打ち印	⊕	打眼記号	구멍뚫기 위치	drilling mark

[VII] パターン用語

裁断指図書	**裁剪单**	재단 지시서 〔チェダン チシソ〕	cutting order sheet
裁断	裁剪	재단 〔チェダン〕	cutting
裁断数量	裁剪数量	재단 수량 〔チェダン スリャン〕	cutting quantity
裁断パーツ	裁片单件	재단 파츠 〔チェダン パチュ〕	fabricated parts
型入れ	放样，排板	패턴 배치 〔ペトン ペチ〕	pattern layout
マーキング〔チャコ〕	表层划样	패턴 제도 〔ペトン チェド〕, 마킹 〔マキン〕	drawing pattern
マーキングペーパー	裁剪纸，排板纸	마킹 페이퍼 〔マキン ペイポ〕	marking paper
リラキシング	松弛	릴랙싱 〔リルレクシン〕	relaxing
スポンジング	润湿预缩	스펀징 〔スポンジン〕	sponging
延反	叠布	연단 〔ヨンダン〕	spreading
用尺	使用布量	야디즈 〔ヤディジュ〕	yardage
参考用尺	参考使用布量	참고 야디즈 〔チャムゴ ヤディジュ〕	reference yardage
実行用尺	实际用布量	실제 야디즈 〔シルチェ ヤディジュ〕, 실제 길이 〔シルチェ キリ〕	actual yardage

裁断ロス	剪廃料	재단손질〔チェダンソンジル〕,커팅로스〔コティンロス〕	cutting waste, cutting loss
ロス込み用尺	包括裁剪廃料的用布量	로스포함 야디즈〔ロスポハム ヤディジュ〕	yardage including loss
一枚断ち	一件裁剪	1매 재단〔1メ チェダン〕	cutting by one-piece
差し込み	経済排板, 拼裁	경제적 마킹〔キョンジェジョク マキン〕	economical marking
柄合わせ	花紋配合, 対花	패턴 매칭〔ペトン メチン〕,무늬 배합〔ムニ ペハプ〕	pattern matching
反別裁断	分匹裁剪	필별 재단〔ピルビョル チェダン〕	cutting by each role
色別裁断	分色裁剪	컬러별 재단〔コルロビョル チェダン〕	cutting by each colour
サイズ別裁断	分尺寸裁剪	사이즈별 재단〔サイジュビョル チェダン〕	cutting by each size
裏地, 芯地裁断	里, 衬裁剪	안감(심지)재단〔アンガム(シムジ)チェダン〕	cutting interlining
付属（小物）裁断	配零料裁剪	부속 재단〔プソク チェダン〕	cutting details
カッティングライン	裁剪划线	커팅라인〔カティンライン〕,절개선〔チョルゲソン〕	cutting line
裁断機	裁剪机	재단기〔チェダンギ〕	cutting disk

たて刃	直刀	스트레이트 나이프〔ストゥレイトゥ ナイプ〕	straight knife
丸刃	円刀	서큘러 나이프〔ソキュルロ ナイプ〕	circular knife
目打ち	点孔錘子	송곳〔ソンゴッ〕, 드릴〔ドゥリル〕	drill
チョーク標付け	打粉印	초크표시〔チョクピョシ〕	chalking
合い標しきざみ	対刀口	마킹 노치〔マキン ノチ〕, 표시대기〔ピョシデギ〕	marking notch
裁断検査	査裁片	재단 검사〔チェダン コムサ〕	check cutted pieces
差し替え	換片	교체하기〔キョチェハギ〕	change bad cutted piece
裁ち揃え	修剪裁片	트리밍〔トゥリミン〕	trimming
ナンバーリング	編号	넘버링〔ノムボリン〕	nombering
バンドリング	集束, 成束	번들링〔ボンドゥルリン〕	bundling
仕分け	集束, 成束	방치짓기〔パンチチッキ〕	bundling

[Ⅷ] デザイン企画関係用語

デザイン企画用語	设计，计划用语	디자인과 머천다이징〔ディジャイング ァ　モチョンダイジン〕	design & planning
アパレルデザイン	服装设计	어패럴 디자인〔オペロル　ディジャイン〕	apparel design
ファッション	时新式样，时装	패션〔ペション〕	fashion
ファッション情報	时装流行信息	패션정보〔ペションジョンボ〕, 패션 뉴스〔ペションニュス〕	fashion news
ファッション傾向	时装流行趋势	패션 트렌드〔ペション　トゥレンドゥ〕	fashion trend
ファッション　サイクル	流行周期	패션 사이클〔ペション　サイクル〕	fashion cycle
市場動向調査	市场调查	시장 동향조사〔シジャン　ドンヒャンチョサ〕	marketing research
市場分析	市场分析	시장 분석〔シジャン　ブンソク〕	market analysis, disk research
コンセプト	概念，构思	컨셉트〔コンセプトゥ〕	concept

ブランド政策	品牌政策	브랜드 정책〔ブレンドゥ チョンチェク〕	brand policy
トレンドマップ	流行傾向図	트랜드 맵〔トゥレンドゥ メプ〕, 유행 경향도〔ユヘン キョンヒャンド〕	trend map
企画イメージマップ	风格设计图	이미지 맵〔イミジ メプ〕, 상상도〔サンサンド〕	image map
商品企画	商品计划	상품기획〔サンプムキフェク〕	merchandising
素材企画	质料计划	소재기획〔ソジェキフェク〕	fabric planning
マスプロダクション	大量生产	대량생산〔テリャンセンサン〕	mass production
カラートレンド	色彩趋势	컬러 트랜드〔コルロ トゥレンドゥ〕	color trend
カラー企画	色彩设计	컬러기획〔コルロキフェク〕	color planning
テキスタイルデザイン	布料设计	텍스타일 디자인〔テクスタイル ディジャイン〕	textile design
プリントデザイン	印花图案设计	프린트 디자인〔プリントゥ ディジャイン〕	print design
アパレルデザイナー	服装设计师	어패럴 디자이너〔オペロル ディジャイノ〕, 패션 디자이너〔ペション ディジャイノ〕	apparel designer, fashion designer

118 デザイン企画用語

テキスタイルデザイナー	布料设计师	텍스타일 디자이너〔テクスタイル ディジャイノ〕	textile designer
プリントデザイナー	印花图案设计师，美工	프린트 디자이너〔プリントゥ ディジャイノ〕	print designer
ニットデザイナー	针识设计师	니트 디자이너〔ニトゥ ディジャイノ〕	knit designer
カラーリスト	色彩设计师	컬러 리스트〔コルロ リストゥ〕	colorist
マーチャンダイザー〔MD〕	商品计划负责人	머천다이저〔モチョンダイジョ〕, MD	merchandiser
ビジュアルマーチャンダイジング	视觉的商品系列	비주얼 머천다이징〔ビジュオル モチョンダイジン〕	visual merchandising
イラストレーター	插图师	일러스트레이터〔イルロストゥレイト〕	illustrator
スタイリスト	配套服装专家	스타일리스트〔スタイルリストゥ〕	stylist
デザイン画	设计稿，设计画	디자인 스케치〔ディジャイン スケチ〕	design sketch
イラスト	插画	일러스트〔イルロストゥ〕	illust
コーディネート企画	组合搭配服装计划	코디네이트 머천다이징〔コディネイトゥ モチョンダイジン〕	coordinate merchandising
単品企画	单品服装计划	단품기획〔タンプムキフェク〕	single item merchandising

[VIII] デザイン企画関係用語

シーズン企画	季节计划	계절기획〔ケジョルキフェク〕	season merchandising
プレゼンテーション	计划说明	패션설명〔ペションソルミョン〕	fashion presentation
展示会	展示会	전시회〔チョンシフェ〕	sales exhibition
ファッションショー	服装表演	패션쇼〔ペションショ〕	fashion show
ディスプレイ	装饰陈列	디스플레이〔ディスプルレイ〕	window display
販売促進	推销, 销售促进	판매촉진〔パンメチョクチン〕	sales promotion
コンセプト用語	**计划构思用语**	**디자인 컨셉트**〔ディジャイン コンセプトゥ〕	**design concept**
プレタポルテ	高级妇女成衣	프레타포르테〔プレタポルテ〕	pret-a-porter
デザイナーブランド	设计师品牌	디자이너 브랜드〔ディジャイノ ブレンドゥ〕	designers brand
キャラクターブランド	特性品牌	캐릭터 브랜드〔ケリクト ブレンドゥ〕	character brand
ライセンスブランド	专利品牌	라이선스 브랜드〔ライソンス ブレンドゥ〕	license brand
カジュアルウェアー	便服	캐주얼웨어〔ケジュオルウェオ〕	casual wear

コンセプト用語

スポーツウェアー	运动装	스포츠웨어〔スポチュウエオ〕	sport wear
フォーマルウェアー	礼服	포멀웨어〔ポモルウェオ〕	formal wear
リゾートウェアー	休闲装	리조트웨어〔リジョトゥウエオ〕	resort wear
ヤング	青年装，少年装	영패션〔ヨンペション〕	young fashion
ミス	少淑女装，小姐装	미스〔ミス〕	miss
ミッシー	妇女装，淑女装	미시〔ミシ〕	ms
ミセス	淑女装，妈妈装	미세스〔ミセス〕	Mrs
ヤングアダルト	淑女装，绅士装	영 어덜트〔ヨン オドルトゥ〕	young adult
アダルト	成人装	어덜트〔オドルトゥ〕	adult
シルバー	中老年装	실버〔シルボ〕	silver (old)
キャリア	职业妇女装	커리어〔コリオ〕	carrier (women)
団塊世代（日）	生多孩子时代（日）	베이비 부머（일）〔ベイビ ブモ〕	baby boomer
ベーシック	基本的	베이식〔ベイシク〕,기본〔キボン〕	basic
クラシック	古典的	클래식〔クルレシク〕	classic
モダン	摩登，时髦	모던〔モドン〕	modern
トレンディ	流行，时兴	트랜디〔トゥレンディ〕	trendy

スポーティ	轻快，轻便	스포티〔スポティ〕	sporty
ドレッシー	讲究的，优雅的	드레시〔ドゥレシ〕	dressy
エレガント	高雅的，优美的	엘레간트〔エルレガントゥ〕	elegant
ソフト	柔软的	소프트〔ソプトゥ〕	soft
ハード	硬的	하드〔ハドゥ〕	hard
シンプル	简单的，无虚饰的	심플〔シムプル〕	simple
デコラティブ	装饰的	데커레이티브〔デコレイティブ〕	decorative
シック	别致的	시크〔シク〕	chic
キュート	可爱的	규트〔キュトゥ〕	cute
ロマンティック	浪漫的	로맨틱〔ロメンティク〕	romantic
フェミニン	妇女似的，柔弱的	페미닌〔ペミニン〕	feminine
マスキュリン	男子式的	마스큘린〔マスキュルリン〕	masculine
アーバン	都市的	어번〔オボン〕	urban
ソフィスティケイテッド	成熟的，都市的	소피스티케이트〔ソピスティケイトゥ〕	sophisticated
エスニック	民族性的	에스닉〔エスニク〕,민족적〔ミンジョクチョク〕	ethnic

コンセプト用語

トラッド	传统的	트래디셔널〔トゥレディショノル〕	traditional
ニュートラ	新传统的	뉴트래디셔널〔ニュトゥレディショノル〕	new traditional
コンサバ・リッチ	保守型豪华的	컨서버티브 리치〔コンソボティブ リチ〕	conservative-rich
アメカジ〔A・C〕	美国便装	아메리칸 캐주얼〔アメリカン ケジュオル〕	American casual
ヨーロピアン・カジュアル	欧州便装	유러피안 캐주얼〔ユロピアン ケジュオル〕	european casual
ファンキールック	过激服装	펑키 룩〔ポンキ ルク〕	funky look
スペースルック	太空服装	스페이스 룩〔スペイス ルク〕	space fashion
アスリートウェアー	运动服装	애슬레틱 웨어〔エスルレティク ウェオ〕	athlete wear
Aライン	A型衣服	A라인〔Aライン〕	A-line
マリンルック	海边样式	마린 룩〔マリン ルク〕	marine look
アーミールック	军队服装	아미 룩〔アミ ルク〕	army look
サーファールック	冲浪游戏服装，海边风味服装	서퍼 룩〔ソポ ルク〕	surfer look

インディーズ	独立型的	인디즈〔インディジュ〕	indies
サープラス・ファッション	軍隊放出品, 多余服装	서플러스 패션〔ソプルロス ペション〕	surplus fashion
サポーター・ファッション	支持装（足球）	서포터 패션〔ソポト ペション〕	supporters fashion
スタイリスト	配套服装专家	스타일리스트〔スタイルリストゥ〕	stylist
ハイテク	先端技術	하이테크〔ハイテク〕	high tech
ヘビーデューティ	重装备衣	헤비 듀티〔ヘビ デュティ〕	heavy duty
インナー・ファッション	似内衣服装	인너 패션〔インノ ペション〕	inner fashion
インチメート	似内衣服装	인너 패션〔インノ ペション〕	inner fashion
ライダー・ファッション	骑车服装	라이더 패션〔ライド ペション〕	rider fashion
ストリート・ファッション	街上流行	스트리트 패션〔ストゥリトゥ ペション〕	street fashion
セカンドライン	第二品牌	세컨드 라인〔セコンドゥ ライン〕	second line
エコ・ファッション	环保服装	이콜로지 패션〔イコルロジ ペション〕	eco fashion

高感度	高感度	고감도〔コガムド〕	sensuous
インスピレーション	灵感	영감〔ヨンガム〕, 인스피레이션〔インスピレイション〕	inspiration
バランス感覚	平衡感	평형감〔ピョンヒョンガム〕	balance
テイスト	风味	테이스트〔テイストゥ〕	taste
ユニセックス	中性, 男女两用	유니섹스〔ユニセクス〕	uni sex
ボディコンシャス	贴身	버디컨셔스〔ボディコンショス〕	body conscious
カラーハーモニー	色彩配合	컬러 하모니〔コルロ ハモニ〕, 색채배합〔セクチェペハプ〕	color harmony
ＴＰＯ	时, 场, 目的	티피오（ティピオ）, ＴＰＯ	time, place, occasion

[IX] カラー関係用語

カラー一般用語	顔色用语	색・컬러용어〔セク・コルロ ヨンオ〕	words for color
カラー	颜色	컬러〔コルロ〕	color
スタンダードカラー	标准色样	표준색상〔ピョジュンセクサン〕, 스탠더드 컬러〔ステンドドゥ コルロ〕	color standards
基本色	重点颜色, 基本颜色	기본색상〔キボンセクサン〕	basic color
差し色	点缀颜色	추가색상〔チュガセクサン〕	additional color
ボディカラー	大身的颜色, 底色	보디 컬러〔ボディ コルロ〕	body colour, grand color
配色	配色	배색〔ペセク〕	color coordination
地色（プリント）	底色	바탕색〔パタンセク〕	grand color
流行色	流行颜色	유행색〔ユヘンセク〕	trend color
色相	色相, 色调	색상〔セクサン〕	colour, hue
明度	明度, 亮度	명도〔ミョンド〕	color tone
彩度	彩度, 纯度	채도〔チェド〕	croma
カラースワッチ	颜色小样布	컬러 스와치〔コルロ スワチ〕	color swatch

トーン	色调	톤〔トン〕	tone
モノトーン	单色调	모노 톤〔モノ　トン〕	mono tone
ビビッドトーン	鲜艳明亮色调	비비드 톤〔ビビドゥ　トン〕	vivid tone
ブライトトーン	鲜明色调	브라이트 톤〔ブライトゥ　トン〕	bright tone
ストロングトーン	强烈色调	스트롱 톤〔ストゥロン　トン〕	strong tone
ディープトーン	浓色，深色调	디프 톤〔ディプ　トン〕	deep tone
ライトトーン	浅色调	라이트 톤〔ライトゥ　トン〕	light tone
ソフトトーン	柔软色调	소프트 톤〔ソプトゥ　トン〕	soft tone
ダルトーン	暗淡色调，灰暗色调	덜 톤〔ドル　トン〕	dull tone
ペールトーン	浅色，淡色调	페일 톤〔ペイル　トン〕	pale tone
グレイッシュトーン	带灰色的色调	그레이시 톤〔グレイシ　トン〕	grayish tone
スモーキートーン	烟色调	스모키 톤〔スモキ　トン〕	smoky tone
ミディアムトーン	中间颜色调	미디엄 톤〔ミディオム　トン〕	midiam tone
ティント	淡色，明调	틴트〔ティントゥ〕	tint
シェード	色泽，色光，明暗程度	셰이드〔シェイドゥ〕	shade

純色	纯色	퓨어 컬러〔ピュオ　コルロ〕,순색〔スンセク〕	pure color
濁色	浊色	미디 컬러〔ミディ　コルロ〕	muddy color
オンブレ	虹彩	옹브레〔オンブレ〕	hombre
ナチュラルカラー	自然颜色	내추럴 컬러〔ネチュロル　コルロ〕,자연색〔チャヨンセク〕	natural color
パステルカラー	浅色, 淡色	파스텔 컬러〔パステル　コルロ〕	pastel color
マルチカラー	多色	멀티 컬러〔モルティ　コルロ〕	multiple color
アースカラー	大地的颜色	어스 컬러〔オス　コルロ〕	earth color
コントラストカラー	对比色, 对照色	컬러 컨트래스트〔コルロ　コントゥレストゥ〕,대비색〔テビセク〕	color contrast
アクセントカラー	缀色增亮	악센트 컬러〔アクセントゥ　コルロ〕,강조색〔カンジョセク〕	accent color
グラデーション	色调层次	그러데이션〔グロデイション〕	color gradation
ミックスカラー	混色	믹스 컬러〔ミクス　コルロ〕	mixed color
色がボケている	颜色 模糊	색상 불명확〔セクサン　プルミョンファク〕	dull, dimly

色がきつすぎる	颜色 太鲜艳, 刺眼	색상이 너무 질음〔セクサンイ ノム チッスム〕	too strong
色が泣いている	渗色	색상번짐〔セクサンポンジム〕	bleeding
色褪せ	褪色, 变色	퇴색〔テセク〕	discoloration
派手	华美, 艳	게이 컬러〔ゲイ コルロ〕	gay, showy
地味	素淡, 不华美	수수함〔ススハム〕	quiet, sober
明るい	明亮	밝은〔パルグン〕	bright
暗い	暗的	어두운〔オドゥウン〕	dark
白度	白度	백도〔ペクト〕, 백색도〔ペクセクト〕	whiteness

色 名	**色彩名**	**색채명〔セクチェミョン〕**	**color name**
白	白色	백색〔ペクセク〕, 화이트〔ファイトゥ〕	white
オフホワイト	黄白色, 米白	오프 화이트〔オプ ファイトゥ〕	off white
晒し白	漂白, 雪白	스노 화이트〔スノ ファイトゥ〕 (표백〔ピョベク〕)	snow white
蛍光白	荧光白色	형광 백색〔ヒョングァン ペクセク〕	fluorescent white

生成り	本色纱布色	그레이 화이트〔グレイ ファイトウ〕	gray white
ライトグレー	淡灰色	라이트 그레이〔ライトゥ グレイ〕	light gray
グレー	灰色	그레이〔グレイ〕,회색〔ヒセク〕	gray
チャコールグレー	炭灰色	차콜 그레이〔チャコル グレイ〕	charcoal gray
すみ黒	墨黑,灯烟色	오프 블랙〔オプ ブルレク〕	off black
黒	黑	흑색〔フクセク〕,블랙〔ブルレク〕	black
漆黒〔ジェット〕	乌黑色	제트 블랙〔ジェトゥ ブルレク〕	JET, lamp black
クリーム	乳白色,淡黄色	크림〔クリム〕	cream
イエロー	黄色	황색〔ファンセク〕,옐로〔イェルロ〕	yellow
からし〔マスタード〕	芥末色	머스터드〔モストドゥ〕	mastered
カーキ	卡其色	카키〔カキ〕	khaki
ベージュ	米色	베이지〔ベイジ〕	beige
モカ	深咖啡色	모카〔モカ〕	mocha
茶〔ブラウン〕	茶色,褐色	브라운〔ブラウン〕	brown
こげ茶	深棕色,浓茶色	다크 브라운〔ダク ブラウン〕	dark brown

130　色　　名

レンガ	赤褐色, 砖色	테라코타〔テラコタ〕	rust, terra cotta
オレンジ	橙色, 桔黄色	오렌지〔オレンジ〕	orange
朱赤	朱红, 大红	차이나 레드〔チャイナ　レドゥ〕	chinese red
赤	红色	레드〔レドゥ〕	red
ピンク	粉红	핑크〔ピンク〕	pink
ショッキングピンク	艳粉红, 艳桃红色	쇼킹 핑크〔ショキン　ピンク〕	shocking pink
サーモンピンク	鱼粉红	새먼 핑크〔セモン　ピンク〕	salmon pink
ローズ	玫瑰红	장미색〔チャンミセク〕, 로즈〔ロジュ〕	rose
緋赤	绯红	스칼릿〔スカルリッ〕	scarlet
ワインカラー	酒红色, 葡萄红色	와인색〔ワインセク〕, 포도주색〔ポドジュセク〕	bordeaux
えんじ	榴红, 胭脂色	버건디〔ボコンディ〕	burgundy
パープル	紫色, 青莲	자색〔チャセク〕,퍼플〔ポプル〕	purple
ライトパープル	淡紫色	라이트 퍼플〔ライトゥ　ポプル〕	light purple
ライトブルー	淡蓝色	라이트 블루〔ライトゥ　ブルル〕	light blue
サックス	浅灰蓝色	삭스 블루〔サクス　ブルル〕	sax blue

ブルー	蓝色	청색〔チョンセク〕,블루〔ブルル〕	blue
はな紺	大青蓝	퍼플리시 블루〔ポプルリシ ブルル〕	purplish blue
紺	藏青	네이비 블루〔ネイビ ブルル〕	navy blue
ネイビー	海军蓝,藏青	네이비〔ネイビ〕	navy blue
濃紺	深蓝色	다크 블루〔ダク ブルル〕	dark blue
インディゴブルー	靛蓝,靛青	인디고 블루〔インディゴ ブルル〕	indigo blue
トルコブルー	土耳其蓝,翠蓝	터키시 블루〔トキシ ブルル〕	turquoise blue
グリーン	绿色	그린〔グリン〕	green
ダークグリーン	暗绿色,深绿	다크 그린〔ダク グリン〕	dark green
モスグリーン	苔绿,秋香	모스 그린〔モス グリン〕	moss green
トリコロール	三色配色	3색 배색〔サムセク ペセク〕	tricolor
エメラルド	翠绿	에메랄드 그린〔エメラルドゥ グリン〕	emerald green
ゴールド	黄金色	골드〔ゴルドゥ〕,황금색〔ファングムセク〕	gold color
アンティークゴールド	仿古金色	안티크 골드〔アンティク ゴルドゥ〕	antique gold

[X] ニット関係用語

ニット一般用語	针织用语	편성용어〔ペンソンヨンオ〕	words for knitting
ニットウェアー	针织品	니트웨어〔ニトゥウェオ〕	knitwear
ニットファブリック	针织布	편포〔ピョンポ〕	knit fabric
ジャージー	针织布	저지〔ジョジ〕	jersey
経編み	经编	경편〔キョンピョン〕	warp knitting
丸編み	圆型针织	원형편〔ウォニョンピョン〕	circular knitting
緯編み	纬编	위편〔ウィピョン〕	weft knitting
横編み	横机，手摇机	횡편〔フェンピョン〕	flat knitting
チューブラーニット	圆筒形针织	자루편성〔チャルピョンソン〕, 튜블라 니트〔トュブルラ ニトゥ〕	tubular knit
トリコット編み	特里科经编	트리코편〔トゥリコピョン〕	tricot
フル・ファッション編み	全成平形针织（收放针织）	풀 패션편〔プル ペションピョン〕편〔ピョン〕, 뜨게질〔トゥゲジル〕	fully fashioned knitting

[X] ニット関係用語　133

フル・ガーメント	全成形外衣编织	풀 가먼트편〔プル ガモントゥピョン〕, 전성형〔チョンソンヒョン〕	full garment knitting
ホール・ガーメント	无缝制全成形编织	홀 가먼트편〔ホル ガモントゥピョン〕, 전성형〔チョンソンヒョン〕	whole garment machine
ガーメントレングス	成衣长	가먼트 길이〔ガモントゥ キリ〕	garment length
ミラニーズ	米兰尼其经编织	밀라니스〔ミルラニス〕	milanese
ラッセル編み	拉舍尔经编	라셀편〔ラセルピョン〕	rasechel
両頭機	平型双反面针织机	링크스 엔드 링크스〔リンクス エンドゥ リンクス〕	links & links
両面機	双罗纹针织	양면편기〔ヤンミョンピョンギ〕	interlock knitting
家庭機	手编机，花机	수편기〔スピョンギ〕	hand knitting machine
手編み	棒针，手编	수편성〔スピョンソン〕	hand knitting
糸種〔ヤーン〕	纱种	얀 타입〔ヤン タイプ〕, 사종류〔サジョンニュ〕	yarn type
糸番手	纱支	실번수〔シルボンス〕, 사번수〔サボンス〕	yarn count
羊毛番手	毛纱支数	모사번수〔モサボンス〕	wool yarn count

スケール	羊毛鱗片	울 스케일〔ウル スケイル〕	(wool yarn)scale
単糸	単纱, 単丝	단사〔タンサ〕	single yarn
双糸	双纱, 股纱	합사〔ハプサ〕	double yarn
糸本数〔ply〕	股, 根	사본수〔サボンス〕	yarn ply, ends
ゲージ	针数, 针织密度	게이지〔ゲイジ〕, 바늘수〔パヌルス〕	gauge
ハイゲージ	细针	하이 게이지〔ハイ ゲイジ〕	high gauge (fine gauge)
ローゲージ	粗针	로 게이지〔ロ ゲイジ〕	low gauge (course gauge)
機種	机种	기종〔キジョン〕	machine type
糸量	纱量	사량〔サリャン〕	yarn quantity
糸重量	纱重	사 중량〔サ ジュンリャン〕	yarn weight
糸ロス込み重量	包括・耗纱量	사 총중량〔サ チョンジュンリャン〕	gross weight
持ちかかり糸重量	包括・耗纱量	사 총중량〔サ チョンジュンリャン〕	gross weight
カセ	绞, 绞纱	타래〔タレ〕	hank
コーン	椎形筒子, 花机	콘〔コン〕	cone
ひき揃え	合股并线	플라잉〔プルライン〕	Plying
合わせ撚り	合股捻线	합연〔ハビョン〕	plying twist

[X] ニット関係用語

撚り糸	合股线	합연사〔ハビョンサ〕	ply yarn
上撚	终捻, 复捻	상연〔サンヨン〕	final twist
下撚	初捻, 予捻	하연〔ハヨン〕	pre-twist, twistless
杢糸	杂色花线	이색연사〔イセギョンサ〕	grandrelle yarn
ファンシーヤーン	花色线	팬시 얀〔ペンシ ヤン〕, 장식사〔チャンシクサ〕	fancy yarn
色〔カラー〕	颜色	컬러〔コルロ〕	color
配色	配色	컬러 매칭〔コルロ メチン〕, 색배합〔セクペハプ〕	color matching, color coordination
先染め〔糸染め〕	先染, 纱染	사염〔サヨム〕	yarn dyed
後染め	后染	후염〔フヨム〕	piece dyed
製品染め	成衣染	가먼트 염색〔ガモントゥ ヨムセク〕	garment dyed
ウールトップ	羊毛毛条	울톱〔ウルトプ〕	wool top
トップダイ	毛条染	톱염색〔トプヨムセク〕, 톱다이〔トプダイ〕	top dyed
ばら毛染め	散毛染色	슬럽 염색〔スルロプ ヨムセク〕	slubbing dyed, dyed in the wool

ニット編み地用語	编布、胚布用语	편성포〔ピョンソンポ〕	knitting structure
編み地	针织组织	편포〔ピョンポ〕	knitting
天竺	平针织,单面	평편〔ピョンピョン〕,평편조직〔ピョンピョンチョジク〕	plain stitches
天竺裏目	平针反面	평편 이면〔ピョンピョン イミョン〕,평편 편조직〔ピョンピョン ピョンチョジク〕	reverse stitches
天竺度違い	不同密度平针织	스티치상태 다름〔スティチサンテ タルム〕	plain stitch with different stitch density
かのこ編み	鹿皮组织,集圈网眼组织	모스 스티치〔モス スティチ〕	cross tuck, mesh knitting
丸編み	圆型针织	원형짜기〔ウォニョンチャギ〕	circular knitting
プレイティング	添纱组织	첨사〔チョムサ〕	plating
あぜ編み	畦编	카디건 스티치〔カディゴン スティチ〕	cardigan stitch
片あぜ	半畦编,单畦,柳条	편휴편〔ピョニュピョン〕	half cardigan
両あぜ	双畦编,双畦,珠地	양휴편〔ヤンヒュピョン〕	full cardigan

両面あぜ	双面畦	더블 풀 카디건〔ドブル プル カディゴン〕	double full cardigan
総針	四平, 总针	총침수〔チョンチムス〕	all needles
ファッショニング	收放针, 全成型	풀패션〔プルペション〕	fully fashion
片袋編み	单面胖花编织	하프 밀라노〔ハプ ミルラノ〕	half milano
リブ	罗纹	리브스티치〔リブスティチ〕, 리브 편조직〔リブ ピョンチョジク〕	rib stitches
振り柄	扳花, 波组织	랙 리브〔レク リブ〕	racked rib
段振り	往复移针编织	동일침상 편환이동〔トンイルチムサン ピョナンイドン〕	racking with one bed
矢振り	钜齿形罗纹, 波纹组织	다른침상 편환이동〔タルンチムサン ピョナンイドン〕	racking with two beds
目移し柄	移圈花纹	드랜스퍼 스티치〔トゥレンスポ スティチ〕, 드랜스퍼 편조직〔トゥレンスポ ピョンジョジク〕	transfer stitches
ケーブル	绞花, 拧花	케이블 스티치〔ケイブル スティチ〕, 케이블 편조직〔ケイブル ピョンジョジク〕	cable stitches
両頭〔リンクス&リンクス〕	双反面组织	링크스 엔드 링크스〔リンクス エンドゥ リンクス〕	links & links

レース編み	花边网眼组织	레이스 스티치〔レイス スティチ〕, 레이스 편조직〔レイス ピョンジョジク〕	lace stitches
ラーベン	集圈组织, 胖花	라아벤〔ラアベン〕	rahben
タック	双罗纹集圈组织, 起杆	턱 스티치〔トク スティチ〕, 턱 편조직〔トク ピョンジョジク〕	tuck stitches
ミラノリブ	米兰诺纹, 爱力斯纹	밀라노 리브편〔ミルラノ リブピョン〕	milano rib
針立て	反面多抽条, 抽板	실렉티드 리브〔シルレクティドゥ リブ〕	selected rib
針抜き	抽针	웰트 스티치〔ウェルトゥ スティチ〕	welt stitches
二重うす	里线, 包纱双纱嘴	플레이티드〔プルレイティドゥ〕	plated
ひょっとこ	里线, 包纱双纱嘴	플레이티드〔プルレイティドゥ〕	plated
フロート	浮经, 浮纬, 浮纹	부직〔プジク〕, 풀로트〔プルロトゥ〕	float
インターシャー	无虚线提花, 引塔夏	인타르시아〔インタルシア〕	intarsia
シングルジャカード	单面提花	싱글 자카드〔シングル ジャカドゥ〕	single jacquard
ダブルジャカード	双面提花	더블 자카드〔ドブル ジャカドゥ〕	double jacquard
アーガイル	阿盖耳编织, 菱形花纹	아가일〔アガイル〕	argyle
切り替え柄	横条花纹	보더 스트라이프〔ボド ストゥライプ〕	border stripes

[X] ニット関係用語　139

ボス柄	绣花添纱花纹	보스 무늬〔ボス　ムニ〕	boss pattern
スムース	双罗纹针织布	스무드〔スムドゥ〕, 더블 리브〔ドブル　リブ〕	smooth, double rib
フライス	圆型罗纹编	서큘러 리브〔ソキュルロ　リブ〕	circular rib
アイレット	花边编织, 纱罗编织	아일릿〔アイルリッ〕	eyelet
ハーフトリコット	经绒—经平编织	하프 트리코〔ハプ　トゥリコ〕	half tricot
自動機	自动机	자동기계〔チャドンキゲ〕	automatic machine
コンピューター機	电脑编织机	컴퓨터기〔コムピョトギ〕	full automatic
コンピュータージャカード	电脑提花	컴퓨터 자카드〔コムピュト　ジャカドゥ〕	computer jacquard
インテグラルニット	完全自动编织	인테그랄 니트〔インテグラル　ニトゥ〕	integral knit
リンキング	缝盘, 缝合	봉합〔ポンハプ〕, 링킹〔リンキン〕	linking
袋リンキング	空转儿, 筒状缝合	튜블러 링킹〔トュブルロ　リンキン〕	tubular linking
カット ＆ ソー	裁剪和缝制	재단 및 재봉〔チェダン　ミッ　チェボン〕	cut & sew
刺繍	绣花	자수〔チャス〕	embroidery

ハンド刺繡	手绣	핸드 자수〔ヘンドゥ ジャス〕, 손 자수〔ソンジャス〕	hand embroidery
ミシン刺繡	机绣	기계 자수〔キゲ ジャス〕	machine embroidery
コンピューター刺繡	电脑绣	컴퓨터 자수〔コムピュト ジャス〕	computer embroidery
目刺しステッチ	挑花, 对目绣	수봉〔スボン〕	hand stitch
鉤針	钩针	코바늘〔コバヌル〕	crochet (f)
クロッシェ	钩针	크로쉐〔クロシュエ〕	crochet (f)
細編み	钩针平织, 短针	싱글 크로쉐〔シングル クロシュエ〕	single crochet
バック細編み	到退针	백싱글 크로쉐〔ベクシングル クロシュエ〕	reverse single crochet
ピコット	据齿边, 牙边	피코〔ピコ〕	picot
ポップコーン	小球, 玉米花	팝콘〔パプコン〕	popcorn
ポンポン	毛球, 绒球	폼폰〔ポムポン〕	pompon
トリミング	滚边, 打边裥, 饰带	트리밍〔トゥリミン〕	trimming
アップリケ	贴布绣, 贴花, 嵌花	아플리케〔アプルリケ〕	applique
パンチカード	穿孔卡片	펀치카드〔ポンチカドゥ〕	punch card

[X] ニット関係用語　141

ニット原料用語	原料用語	니트용 원료〔ニトゥヨン ウンリョ〕	material
毛〔ウール〕	羊毛, 毛料	양모〔ヤンモ〕, 울〔ウル〕	wool
梳毛糸	精纺纱	소모사〔ソモサ〕	worsted yarn
紡毛糸	纺毛纱	방모사〔パンモサ〕	woolen yarn
混紡糸	混纺纱	혼방사〔ホンバンサ〕	blended yarn
毛糸	毛线, 棒针毛纱	모사〔モサ〕	hand kitting yarn
ファンシーヤーン	花式纱	장식사〔チャンシクサ〕, 팬시 얀〔ペンシ ヤン〕	fancy yarn
引き揃え糸	合股纱	합사〔ハプサ〕	double yarn
ウールトップ	毛条	울톱〔ウルトプ〕	wool top
トップダイ	毛条染色	톱염색〔トプヨムセク〕, 톱다이〔トプダイ〕	top dyeing
ヤーンダイ	纱染	사염색〔サヨムセク〕, 얀다이〔ヤンダイ〕	yarn dyeing
ばら毛染め	散毛染	세정 양모염색〔セジョン ヤンモヨムセク〕	clean wool dye

カシミヤ	羊绒，开士米	캐시미어〔ケシミオ〕	cashmere
カシミヤタッチ	仿羊绒整理	캐시미어〔ケシミオ〕	cashmere touch
キャシウール（商標）	开士米手感的羊毛	개시미어 타입 울〔ケシミオ タイプ ウル〕	cashmere type wool
パシミーナ	极细羊绒，克什米尔	패시미나〔ペシミナ〕	pashimina
アンゴラ	安哥拉，兔毛	앙고라〔アンゴラ〕	angora
ラムスウール	羊仔毛	램스 울〔レムス ウル〕	lambs wool
モヘアー	马海毛	모헤어〔モヘオ〕	mohair
キャメル	骆驼毛，驼绒毛	낙타모〔ナクタモ〕, 캐멀〔ケモル〕	camel
アルパカ	阿尔帕卡，羊驼	알파카〔アルパカ〕	alpaka
ヤク	犁牛	야크〔ヤク〕	yak
シェットランド	雪兰毛	세틀런드〔セトゥルロンドゥ〕	shetland
メリノウール	美丽若羊毛	메리노 양모〔メリノ ヤンモ〕(-울〔-ウル〕)	merino wool
アクリルヤーン	腈纶纱，阿克里	아크릴사〔アクリルサ〕	acrylic yarn
ナイロンヤーン	耐纶纱，尼龙纱	나일론사〔ナイロンサ〕	nylon
ポリエステルヤーン	聚系纤维，涤纶	폴리에스터사〔ポルリエストサ〕	polyester

シルク〔絹〕	丝, 真丝	실크〔シルク〕, 견〔キョン〕	silk
麻	麻	마〔マ〕	linen, ramie
綿	棉	면〔ミョン〕, 코튼〔コトゥン〕	cotton
ウォッシャブルヤーン	防缩纱	워셔블얀〔ウォショブルヤン〕	machine washable yarn
スーパーウォッシュ	超级耐洗羊毛	슈퍼 워시울〔シュポ ウォシウル〕	super wash wool
ラメ糸	装饰金银纱	라메사〔ラメサ〕	lulex, lame yarn
メランジ	混色纱	멜런지사〔メルロンジサ〕	melange yarn
メタルヤーン	金属纱	금속사〔クムソクサ〕, 메탈릭사〔メタルリクサ〕	metallic yarn
シニェールヤーン	毛绒纱	셔닐사〔ショニルサ〕, 셔닐 얀〔ショニル ヤン〕	chenille yarn
モールヤーン	雪尼尔花线	모르얀〔モルヤン〕	moor yarn
杢糸	杂色花纱	이색연사〔イセギョンサ〕	grandrelle yarn
撚糸	捻纱	연사〔ヨンサ〕	twist yarn
リボンヤーン	丝带纱	리본사〔リボンサ〕, 리본 얀〔リボン ヤン〕	ribbon yarn

テープヤーン	扁丝纱	테이프사〔テイプサ〕, 테이프 얀〔テイプ ヤン〕	tape yarn
コンジュゲートヤーン	共轭丝, 复合纱	복합사〔ポッカプサ〕, 콘쥬케이트얀〔コンジュケイトゥヤン〕	conjugate yarn
ループヤーン	卷曲纱	루프사〔ルプサ〕, 루프 얀〔ルプ ヤン〕	loop yarn
クリンプヤーン	卷曲变形纱	크림프사〔クリムプサ〕, 크림프 얀〔クリムプ ヤン〕	crimped yarn
スペースダイヤーン	间隔染纱, 间段染纱	스페이스 염색사〔スペイス ヨムセクサ〕	space dyed yarn
段染め糸	间隔染纱, 间段染纱	스페이스 염색사〔スペイス ヨムセクサ〕	space dyed yarn
ストレッチヤーン	弹力纱	스트레치사〔ストゥレチサ〕, 스트레치 얀〔ストゥレチ ヤン〕	stretch yarn
マルロン	马论	말론〔マルロン〕	marlon
オペロン	奥佩隆（日）	오페론〔オペロン〕	operon
ライクラ	莱克拉, 弹性纤维	라이크라〔ライクラ〕	Lycra

[X] ニット関係用語　145

附属品用語	辅料，辅件用语	부속품〔プソクプム〕	accessory,finding
ボタン	钮扣，扣子	버튼〔ボトゥン〕,단추〔タンチュ〕	button
金属ボタン	金属钮扣	금속 버튼〔クムソク ボトゥン〕	metal button
包みボタン	包钮扣	랩 버튼〔レプ ボトゥン〕	warped button
染めボタン	染钮扣	다이드 버튼〔ダイドゥ ボトゥン〕	dyed button
貝ボタン	贝钮扣	셸 버튼〔シェル ボトゥン〕	shell button
皮ボタン	皮钮扣	레더 버튼〔レド ボトゥン〕	leather button
トグルボタン	浮标钮扣	타글 버튼〔タグル ボトゥン〕	toggle button
表穴ボタン	明扣眼钮扣	겉 버튼〔コッ ボトゥン〕	sew-through button
裏穴ボタン	暗扣眼钮扣	안 버튼〔アン ボトゥン〕	sew-back button
力ボタン	力扣	백 버튼〔ベク ボトゥン〕	back button
ボタンホール	扣眼，钮孔	버튼 홀〔ボトゥン ホル〕	button hole
眠り穴	平眼	일자형 단추구멍〔イルチャヒョン タンチュグモン〕	shirt button hole
鳩目ボタンホール	锁眼孔，凤眼钮孔	끝원형식 단추구멍〔クドォンヒョンシク タンチュグモン〕	eyelet button hole

鳩目穴	圆眼孔	아일릿〔アイルリッ　クモン〕	eyelet hole
スペアーボタン	予备钮扣	스페어 버튼〔スケオ　ボトン〕	spare button
ファスナー	拉链, 锁链	파스너〔パスノ〕	fastener, zipper
金属ファスナー	金属拉链	금속 파스너〔クムソク　パスノ〕	metal fastener
デルリンファスナー	德尔林尼龙拉链	델린 파스너〔デルリン　パスノ〕	delrin fastener
面ファスナー	尼龙搭链	멜크로〔メルクロ〕	fastener tape
マジックテープ	尼龙搭链	매직 테이프〔メジク　テイプ〕	open fastener
ツーウェイジッパー	双头拉链	투웨이 지퍼〔トゥウェイ　ジポ〕	two way zipper
全開ファスナー	全开拉链	오픈 파스너〔オプン　パスノ〕	open fastner
スナップ（ホック）	子母扣, 揿钮	스냅〔スネプ〕, 똑딱단추〔トクタクタンチュ〕	snap
かぎホック	领扣, 钩扣	훅 앤드 아이〔ホクエンドゥアイ〕	hook and eye
ビット	装饰, 挂件	비트〔ビトゥ〕	bit
くるみボタン	包扣	싸개 단추〔サゲ　タンチュ〕	wrapped button
飾りボタン	饰扣	장식 단추〔チャンシク　タンチュ〕	design button
二つ穴ボタン	双洞扣	2구멍 단추〔2グモン　タンチュ〕	2 holes button

[X] ニット関係用語

四つ穴ボタン	四洞扣	4구멍 단추〔4グモン　タンチュ〕	4 holes botton
ドットボタン	拷钮	도트 단추〔ドトゥ　タンチュ〕	dotted botton
白蝶貝ボタン	白蝶贝扣	흰 자개 단추(백)〔ヒン　チャゲ　タンチュ（ペク）〕	white shell botton
黒蝶貝ボタン	黑蝶贝扣	흑 자개 단추〔フク　チャゲ　タンチュ〕	black shell botton
ワッペン	装饰贴标	와펜〔ワペン〕	wappen, coat of arms
プッシュピン	大头钉	푸시 핀〔プシ　ピン〕, 압정〔アプジョン〕	push pin
カシメ	拷钮	카시메〔カシメ〕	rivet
リベット	洞铜的图钉	리벳〔リベッ〕	rivet
コマ	拷钮模具	코마〔コマ〕	attachment die
スピンドル	绳子	스핀들〔スピンドゥル〕	spindle
ストッパー	定位栓, 绳头, 吊种	스토퍼〔ストポ〕	stopper
ゴムテープ	松紧带	일래스틱 밴드〔イルレスティク　ベンドゥ〕, 탄성끈〔タンソンクン〕	elastic tape
インサイドベルト（ゴム）	松紧腰带	인사이드 벨트〔インサイドゥ　ベルトゥ〕	inside belt

伸び止めテープ	小绊，接缝狭带，扁带，嵌条	스테이 테이프〔ステイ テイプ〕	stay tape, keeping tape
スパンデックス糸	弹性纤维纱	스판덱스사〔スパンデクスサ〕	spandex yarn, lycra
レース	花边	레이스〔レイス〕	lace
ビーズ	空心颗粒，丸珠	비즈〔ビジュ〕	beads
スパンコール	装饰金属片	스팽글〔スペングル〕	spangle
チロリアンテープ	绣花扁带	티롤리언 테이프〔ティロルリオン テイプ〕	tyrolean tape
グログランテープ	罗缎扁带	그로스그레인 테이프〔グロスグレイン テイプ〕	grosgrain tape
ラインストーン	人造钻石	라인 스톤〔ライン ストン〕	line stone
コサージュ	饰的花束	코사지〔コサジ〕	corsage
スカーフ	围巾	스카프〔スカプ〕	scarf
ストール	长方型围巾	스톨〔ストル〕	stole
チェーンベルト	锁条腰带	체인 벨트〔チェイン ベルトゥ〕	chain belt
アクセサリー	饰品，付属品	액세서리〔エクセソリ〕	acssesary
編み物芯	针织衬	니트심지〔ニットウ シムジ〕	knitted interlining
裏地	里布，里	안감〔アンガム〕	lining

[X] ニット関係用語　149

芯地	衬布	심지〔イムジ〕	interfacing, inter ining
補修糸	补修纱	보수사〔ポスサ〕	spare yarn
スタイル・アイテム	**款式，品种**	**스타일 품목〔スタイル　プムモク〕**	**style, item**
セーター	毛衫	스웨터〔スウェト〕	sweater
プルオーバー	套头衫	풀 오버〔プル　オボ〕	pull over
カーディガン	前开毛衣，开胸衫	카디건〔カディゴン〕	cardigan
ポロセーター	开领毛料衬衫马球领套衫	폴로〔ポルロ〕，스웨터〔スウェト〕	polo sweater
ベスト	背心	베스트〔ベストゥ〕	vest
ジャケット	上衣，夹克，外套	재킷〔ジェキッ〕	jacket
スカート	裙子	스커트〔スコトゥ〕	skirt
タイトスカート	紧身裙，筒裙	타이트 스커트〔タイトゥ　スコトゥ〕	tight skirt
ミニスカート	超短裙，迷你裙	미니 스커트〔ミニ　スコトゥ〕	mini skirt
プリーツスカート	褶裥	플리츠 스커트〔プルリチュ　スコトゥ〕	pleats skirt

フレアースカート	喇叭裙	플레어 스커트〔フルレイオ スコトゥ〕	flare skirt
キュロットスカート	短裙裤	퀼로트 스커트〔キュイルロトゥ スコトゥ〕	culottes skirt
パンツ〔パンタロン〕	裤子	팬츠 판탈롱〔ペンチュ パンタルロン〕	pants, pantalon
ショートパンツ	短裤子	쇼트 팬츠〔ショトゥ ペンチュ〕	short pants
タイツ	紧身衣裤, 连袜裤	타이츠〔タイチュ〕	tights
ジャンパー〔ブルゾン〕	宽松茄克衫	점퍼 블루종〔ジョムポ ブルジョン〕	jumper, blouson
ショートコート	短大衣	쇼트 코트〔ショトゥ コトゥ〕	short coat
コート	大衣, 外套	코트〔コトゥ〕	coat, over coat
アラン ニット	阿兰毛衫	아란 스웨터〔アラン スウェト〕	aran sweater
フィッシャーマン	渔夫毛衫	피셔맨 스웨터〔ピショメン スウェト〕	fisherman sweater
フェアアイル	提花毛衫, 霞陂衫	페어아일 스웨터〔ペオアイル スウェト〕	fairaile sweater
チルデン セーター	网球毛衫	틸덴 스웨터〔ティルデン スウェト〕	tilden sweater
ノルディック セーター	北欧花样毛衫	노르딕 스웨터〔ノルディク スウェト〕	nordic sweater
オイルド セーター	未脱脂毛衫	오일드 스웨터〔オイルド スウェト〕	oiled sweater
カウチン セーター	未脱脂毛衫	카우친 스웨터〔カウチン スウェト〕	cowichan sweater

[XI] ニット検品・生産関係用語

ニット検品・欠陥用語	验货针织 缺点	검사결점〔コムサキョルチョム〕(니트〔ニットゥ〕)	inspection defect
形状不良	形态不齐	형상 불량〔ヒョンサン プルリャン〕	poor shape
見た目が良くない	外观不好	외관 불량〔ウェグァン プルリャン〕	bad appearance
手触り不良	手感不好	촉감 불량〔チョッカム プルリャン〕	bad feeling touch, bad hand feel
光沢がない	光泽没有	무광택〔ムグァンテク〕	no shine
価値感(高級感)がない	没有价值感	가치감이 없는〔カチガミ オムヌン〕	cheaply
着られない	穿不上	입을 수 없는〔イブルス オムヌン〕	can not wear
糸質が悪い	纱品质不良	사질 불량〔サジル プルリャン〕	yarn quality defect
糸むら	纱不匀	사 불균일〔サ プルギュニル〕	yarn fault
紡績不良	纺纱不良	방적 불량〔パンジョク プルリャン〕	spinning defect
編み立て不良	编织不良	편성 불량〔ピョンソン プルリャン〕	knitting defect

編みむら	云斑，圏不匀	편성 결점〔ピョンソン キョルジョム〕	irregular knitting
横道	横路	횡단〔フェンダン〕	yarn variation
編み目まがり	圏歪斜，針迹不匀	편환 불량〔ピョナン プルリャン〕	irregular stitch
密度不揃い	编织密度不匀，控制不良	밀도 불균일〔ミルト ブルギュンイル〕	irregular tension
密度不足（度目詰める）	密度不够（紧一点儿）	밀도 부족〔ミルトプジョク〕	stiffness, loose tension(tight tension)
密度ゆるく	密度松一点儿	밀도 늘어짐〔ミルト ヌロジム〕	loose tension
編み地斜行	编织歪	편성포 비틀림〔ピョンソンポ ピトゥルリム〕	spiraling
ハンドル強度不揃い	手杆控制不良	핸들강도 부족〔ヘンドゥルカンド プジョク〕	irregular handle strength
色違い	颜色不同	색차〔セクチャ〕	color difference
色むら	颜色不匀	색 불균일〔セク プルギュニル〕	color patch
染めむら	染色不匀，颜色浓淡	염색 결점〔ヨムセク キョルチョム〕	color patch
色落ち〔色泣き〕	退色	색 퇴색〔セク テセク〕	color fading
編み出し不良	起头线圈不良，起口不好	땀뜀〔タムゥイム〕	defective open stitch

[XI] ニット検品・生産関係用語   153

目落ち	脱圈，漏針	코빠짐〔コパジム〕	dropped stitch
目飛び	跳針	노킹오버〔ノキンオボ〕	knocking-over
糸始末不良	纱头处理不良	끝처리 불량〔クッチョリ プルリャン〕	knot ending mark
裏糸結び不良	打结不良，结头不良	속실 연결불량〔ソクシル ヨンギョルプルリャン〕	knot tail defect, piecing defect
ラン〔伝線〕	漏針	올 풀림〔オル プルリム〕, 스타킹의 전선〔スタキンエ チョンソン〕, 덴싱〔デンシン〕	run
リブきつ過ぎる	罗纹太紧	신축이 딱딱함〔シンチュギ タッタカム〕	rib too tight
リブゆる過ぎる	罗纹太松	신축이 느슨함〔シンチュギ ヌスナム〕	rib too loose
目数増やす	加針数	코 늘림수〔コ ヌルリムス〕	add to, widening
目数減らす	減針数	코 줄임수〔コ チュリムス〕	reduce, narrowing
増し目	放針	폭 넓힘〔ポク ノルピム〕	fashioning wide
減らし目	收針	폭 줄임〔ポク チュリム〕	fashioning narrow
伸縮性がない	没有弹力性	신축성 없는〔シンチュクソン オムヌン〕	no stretch

縫製不良	縫合不良	봉제 불량 〔ポンジェ プルリャン〕	sewing defect
リンキング不良	套口不正, 連圏歪斜	봉합 불량 〔ポンハプ プルリャン〕, 링킹 불량 〔リンキン プルリャン〕	linking defect
リンキングはずれ	套口漏針	링킹 풀림 〔リンキン プルリム〕	running off linking
サイズ不良	尺寸不当	사이즈 불량 〔サイジュ プルリャン〕	size defect, wrong size
編み下がり寸法	下机尺寸	편성 사이즈 〔ピョンソン サイジュ〕	knitting size
整理後寸法	成品尺寸	가공후 사이즈 〔カゴンフ サイジュ〕	finished size
大きい（過ぎる）	（太）大	(너무) 크다 〔(ノム) クダ〕	(too) big, large
小さい（過ぎる）	（太）小	(너무) 작다 〔(ノム) チャクタ〕	(too) small
広い（過ぎる）	（太）寛	(너무) 넓다 〔(ノム) ノルタ〕	(too) wide
せまい（過ぎる）	（太）狭窄	(너무) 좁다 〔(ノム) チョプタ〕	(too) narrow
粗い（過ぎる）	（太）粗	(너무) 거칠다 〔(ノム) コチルダ〕	(too) rough
細い（過ぎる）	（太）細	(너무) 얇다 〔(ノム) ヤルタ〕	(too) slender, thin, narrow
長い（過ぎる）	（太）长	(너무) 길다 〔(ノム) キルダ〕	(too) long
短い（過ぎる）	（太）短	(너무) 짧다 〔(ノム) チャルタ〕	(too) short
きつい（過ぎる）	（太）緊	(너무) 조이다 〔(ノム) チョイダ〕	(too) tight, hard

ゆるい（過ぎる）	（太）松	(너무) 느슨하다〔（ノム）ヌスナダ〕	(too) loose, slack
厚い（過ぎる）	（太）厚	(너무) 두껍다〔（ノム）トゥコプタ〕	(too) thick
薄い（過ぎる）	（太）薄	(너무) 얇다〔（ノム）ヤルタ〕	(too) thin
衿回り寸法不足	領囲尺寸不够	깃둘레가 작다〔キットゥルレガ チャクタ〕	collar size short
ネックダウン	頸縮，細頸	깃위치 내림〔キッウィチ ネリム〕	neck down
衿ぐり成型不良	領囲成形不良	깃형태 불량〔キッヒョンテ プルリャン〕	neck fashioning defect
衿左右不揃い	領囲左右不対称	깃대칭 불량〔キッテチン プルリャン〕	collar not symmetry
伸び止めテープ付け不良	嵌条接縫不良	면테이프 부착불량〔ミョンテイプ プチャク プルリャン〕	defective sewing stay tape
前開き左右不揃い	前开下摆左右不合	앞타개 좌우불량〔アプタゲ チャウ プルリャン〕	front not symmetry
袖付け不良	接縫袖不良	소매부착 불량〔ソメプチャク プルリャン〕	sewing sleeve defect
ポケット左右不揃い	衣袋左右不合	주머니 좌우 불일치〔チュモニ チャウ プリルチ〕	pocket not symmetry

ボタン穴不良	钮孔不良	단추구멍 불량〔タンチュグモン　プルリャン〕	defective buttonholing
ボタン付け位置不良	钮扣位置不合	단추 부착위치 불량〔タンチュ プチャクウィチ　プルリャン〕	wrong button position
ボタン付け不良	订扣不良	단추 부착불량〔タンチュ プチャク プルリャン〕	defective button sewing
ボタン付け根巻き	钮扣绕结	단추부착 마무리감기〔タンチュプチャク　マムリカムギ〕	button seam coiling
ファスナー付け不良	拉链缝合不良	지퍼 부착불량〔ジポ プチャクプルリャン〕	defective attaching fastener (zipper)
肩パッド付け不良	订垫肩不良	패드 부착불량〔ペドゥ プチャク プルリャン〕	defective sewing pad
油汚れ	油渍，油污	기름오염〔キルムオヨム〕	oil spots
しみ〔汚れ〕	污点，污渍	스테인(오염)〔ステイン（オヨム）〕	stain
飛び込み	飞入丝，飞毛	풍면〔プンミョン〕	fly
色糸飛び込み	飞花织入	색사 혼합〔セクサ ホナプ〕	color fly
破れ〔穴開き〕	破洞	파손(구멍)〔パソン（クモン）〕	hole

[XI] ニット検品・生産関係用語　157

仕上げアイロン不良	整烫不良	다림질 정리불량〔タリムジル チョンニプルリャン〕	iron setting defect
アイロン当たり	熨烫过度发亮	다림질 광택〔タリムジル クァンテク〕	press shine, press mark
洗い不良	洗净不良	세정 불량〔セジョン プルリャン〕	washing defect
洗い過ぎ	洗过度	과세탁〔クァセタク〕	felting
収縮	缩小	수축〔スチュク〕	shrink
毛ば立ち	起毛, 擦毛	필링〔ピルリン〕	pilling
ピリング	起毛球	필링〔ピルリン〕	pilling
乾燥不良	干燥不良, 烘燥不良	건조 불량〔コンジョ プルリャン〕	drying defect
表示類付け不良	标签类不正	표시류 부착불량〔ピョシリュ プチャクプルリャン〕	labeling defect

| **ニット生産工程用語** | **针织品生产工程用语** | **편성공정〔ピョンソンコンジョン〕** | **knitting process** |

デザイン画	设计画	디자인 스케치〔ディジャイン スケチ〕	design sketch
成型製品	全成形针织品	성형제품〔ソンヒョンジェプム〕	fashioning knit wear
リンキング	套口缝合, 缝盘	링킹〔リンキン〕, 봉합〔ポンハプ〕	linking

カット ＆ リンキング製品	裁剪和套口縫合	재단과 봉합제품〔チェダングァ ポンハプジェプム〕	cut & linking
カット ＆ ソー	裁剪和縫纫縫	재단과 바느질〔チェダングァ パヌジル〕	cut & sew
アイテム	品种	아이템〔アイテム〕, 품목〔プンモク〕	item
加工指図書	生産規格単	가공 지도서〔カゴン チドソ〕	work sheet, specification
原毛	原毛	원모〔ウォンモ〕, 그리스 울〔グリス ウル〕	grease wool
洗い上げ羊毛	洗浄羊毛	세정 양모〔セジョン ヤンモ〕	clean wool
糸工程	紡紗程序	사 공정〔サ コンジョン〕	yarn process
紡績	紡紗	방적〔パンジョク〕	spinning
ばら毛染め	散毛染	염색모〔ヨムセンモ〕	clean wool dyed
糸染め	染紗	사염색〔サヨムセク〕	yarn dyeing
トップヤーン	毛条	톱사〔トプサ〕	top yarn
トップダイ	毛条染	톱염색〔トビョムセク〕	top dyed
製品染め	成品染, 后染	가먼트 염색〔ガモントゥ ヨムセク〕	garment dyeing
適合番手	适合支数	적합 번수〔チョッカプ ボンス〕	suitable count

[XI] ニット検品・生産関係用語　159

適合ゲージ	适合针号	적합 게이지 〔チョッカプ　ゲイジ〕	suitable gauge
編み組織	针织组织, 编结组织	편조직 〔ピョンジョジク〕	stitch structure
編み目記号	套眼记号	스티치 마크 〔スティチ　マク〕	stitch mark
試編	试编	시편 〔シピョン〕	trial knitting
サイズ表	尺寸表	사이즈표 〔サイジュピョ〕	size speck
編み立て設計図	编织设计图, 编织规格单	편성 설계도 〔ピョンソン　ソルゲド〕	knitting specification
編みコード	编码	편성 코드 〔ピョンソン　コドゥ〕	encored
コース	圈横列, 行	단 〔タン〕, 코오스 〔コオス〕	knitting course
増し目	放针	코 늘림 〔コ ヌルリム〕, 코 늘리기 〔コ ヌルリギ〕	widening
減らし目	收针	폭 줄임 〔ポク　ジュリム〕	narrowing
ファッショニングマーク	收放针花	패셔닝 마크 〔ペショニン　マク〕	fashioning mark
柄編み図案	花样图案	패턴 디자인 〔ペトン　ディジャイン〕	pattern design
パンチカード	穿孔卡片	펀치 카드 〔ポンチ　カドゥ〕	punching card
パターンメーキング	描纸样	패턴 제작 〔ペトン　チェジャク〕	pattern making

編み出し	起头横列, 起始横列	편성시작 〔ピョンソンシジャク〕	set-up course
編み立て	编织	편성 〔ピョンソン〕, 니팅 〔ニティン〕	knitting
付属編み	编织零件	부속 편성 〔プソク ピョンソン〕	knitting findings
度詰め	增加蜜度	밀도 강도를 높임 〔ミルト カンドル ノッピム〕	tight stitch
編み目調節	圈控制	스티치 컨트롤 〔スティチ コントゥロル〕	stitch control
ハンドル強度	手址强	핸들 강도 〔ヘンドゥル カンド〕	handle strength
編み下がり寸法	下机尺寸	니팅 사이즈 〔ニティン サイジュ〕	knitting size
編み丈	编织长度	편성장 〔ピョンソンジャン〕	knitting length
裁断	裁剪	재단 〔チェダン〕	cutting
縫製	缝合	봉제 〔ポンジェ〕	sewing
洗い	洗	세정 〔セジョン〕	washing
湯洗い	沸水洗涤	보일링 오프 〔ボイルリン オプ〕	boiling off
ボイル温度	沸煮度	끓는 온도 〔クンヌン オンド〕	boiling temperature
水道水	自来水	수도물 〔スドムル〕	city water, service water
地下水	地下水, 天然水	지하수 〔チハス〕	natural water

[XI] ニット検品・生産関係用語

濾過器	过泸器	여과기〔ヨグァギ〕	filter
冷却	冷却	냉각〔ネンガク〕	cooling
汚水処理	污水処理	폐수처리〔ペスチョリ〕	pollution control
下蒸し	预汽蒸	스티밍〔スティミン〕,증열처리〔チュンヨルチョリ〕	steaming
蒸し器	汽蒸器, 蒸化器	스티머〔スティモ〕,중열기〔チュンヨルギ〕	steamer
縮絨	缩绒	축임질〔チュギムジル〕, 스펀징〔スポンジン〕	sponging
柔軟工程	柔軟工程	유연공정〔ユヨンコンジョン〕	softer
家庭用洗濯機	家庭用洗机	가정용 세탁기〔カジョンヨン セタッキ〕	home washing machine
脱水機	脱水机	탈수기〔タルスギ〕	spin dryer
乾燥	烘干	건조〔コンジョ〕	drying
仕上げ アイロン	整烫	다림질〔タリムジル〕,아이언〔アイオン〕	ironing,pressing
蒸気仕上げ	蒸汽整理	증기 다림질〔チュンギ タリムジル〕, 스팀 아이언〔スティム アイオン〕	steam ironing

金枠	整燙架	프레싱 프레임〔プレシン プレイム〕	pressing frame
ハンガードライ	悬桂式烘燥	행어 드라이〔ヘンオ ドゥライ〕, 현수식 건조〔ヒョンスシク コンジョ〕	hanging dry
自然乾燥	天然干, 风干, 凉干	자연건조〔チャヨンコンジョ〕	natural dry
整理後サイズ	整燙后尺寸, 成品尺寸	정리 후 사이즈〔チョンニ フ サイジュ〕	finished dimension
ボタンホール	扣眼	단추구멍〔タンチュグモン〕	button hole
ボタン付け	缝扣	단추 달기〔タンチュ タルギ〕	sewing button
表示類付け	订标签	표지류 붙이기〔ピョジリュ プチギ〕	attaching tag & labe
検品	验货	검사〔コムサ〕	inspection
包装	包装	포장〔ポジャン〕	packing

[XII] インナーウェア・レッグウェア関係用語

インナー関係用語	有关内衣用语	속옷 관계〔ソゴッ クァンゲ〕	inner wear
◆インナーウェア	内衣	속옷〔ソゴッ〕	inner wear
ランジェリー	妇女内衣	란제리〔ランジェリ〕	lingerie
ブラジャー	胸罩（文胸）	브래지어〔ブレジオ〕	brassiere
オフショルダー・ブラ	露肩胸罩	끈없는 브래지어〔クノムヌン　ブレジオ〕	off-shoulder brassiere
シームレス・ブラ	无缝线胸罩	접합식 브래지어〔チョッパプシク　ブレジオ〕	seamless brassiere
ストラップレス・ブラ	无吊带胸罩	스트랩리스 브래지어〔ストゥレプリス　ブレジオ〕	strapless brassiere
バックレス・ブラ	无背胸罩	등없는 브래지어〔ドゥンオムヌン　ブレジオ〕	backless brassiere
パッデッド・ブラ	加垫胸罩	패드 브래지어〔ペドゥ　ブレジオ〕	padded brassiere

バンド・ブラ	筒型胸罩	튜브 브래지어〔투브 브레지오〕	tube brassiere
フロントホック・ブラ	前开胸罩	프런트 호크 브래지어〔프론트 호크 브레지오〕	front hook brassiere
ホルターネック・ブラ	吊下胸罩	목 드러나는 브래지어〔모크 트로나눈 브레지오〕	halter neck brassiere
マタニティー・ブラ	孕妇胸罩	임산부 브래지어〔임산부 브레지오〕	maternity brassiere
ワイヤーフォーム・ブラ	钢线造型胸罩	와이어 브래지어〔와이오 브레지오〕	wire formed brassiere
ワイヤーレス・ブラ	无钢线胸罩	와이어 없는 브래지어〔와이오 오무눈 브레지오〕	wireless brassiere
ブラ・キャミ	胸罩内衣	캐미솔 브래지어〔케미솔 브레지오〕	brassiere camisole
ファンデーション	整身内衣	전신 내의〔총신 네이〕	foundation
ガードル	紧身裙	거들〔고돌〕	girdle
ハイウエストガードル	腰高紧身裙	하이 웨이스트 거들〔하이 웨이스트 고돌〕	high waist girdle
パンティーガードル	紧身裙内裤	팬티 거들〔팬티 고돌〕	panty girdle
マタニティーガードル	孕妇用紧身裙	임산부 거들〔임산부 고돌〕	maternity girdle

[XII] インナーウェア・レッグウェア関係用語

ボディースーツ	緊身连内衣	보디 슈트 〔ボディ シュトゥ〕	body suits
オールインワン	緊身褡, 全绑	올 인 원 〔オル イン ウォン〕	all in one
ウエストニッパー	弹性緊身带	웨이스트 니퍼 〔ウェイストゥ ニポ〕, 허리 조이개 〔ホリ ジョイゲ〕	waist nipper
ガーターベルト	吊袜带	가터 벨트 〔ガト ベルトゥ〕	garter belt
サイドパッド	胁垫	사이드 패드 〔サイドゥ ペドゥ〕	side pad
バストパッド	胸垫	가슴 패드 〔カスム ペドゥ〕	bust pad
ヒップパッド	臀垫	힙 패드 〔ヒプ ペドゥ〕	hip pad
フォーマティブパッド	整型垫	정형 패드 〔チョンヒョン ペドゥ〕	formative pad
ショーツ	短内裤	쇼트 〔ショトゥ〕	shorts
ビキニショーツ	三角裤	비키니 쇼트 〔ビキニ ショトゥ〕	bikini shorts
パンティー	女内裤	팬티 〔ペンティ〕	panty
Tバックショーツ	T背内裤	T백 쇼트 〔ティベク ショトゥ〕	T-back shorts
フレアーパンティー	啦叭内裤	플레어 팬티 〔プルレオ ペンティ〕	flare panty
スリーマー	妇女无领衫	슬리머 〔スルリモ〕	slimmer
ズロース	短汗裤	속옷 〔ソゴッ〕, 속바지 〔ソクパジ〕	drawers
キャミソール	衬衣背心	캐미솔 브래지어 〔ケミソル ブレジオ〕	camisole

インナー関係用語

スリップ	长衬裙	슬립〔スルリプ〕	slip
シュミーズ	长衬裙	슬립〔スルリプ〕	slip
ペチコート	内裙	페티코트〔ペティコトゥ〕	petticoat
ボディウエアー	紧身连内衣	보디웨어〔ボディウェオ〕	body wear
パジャマ	睡衣	파자마〔パジャマ〕	pajamas
ベビードール	洋娃式上下组合 睡衣	서양식 유아용 상하 조립내의〔ソヤンシク ユアヨン サンハ チョリプネイ〕	baby doll
ナイトドレス	睡衣	나이트 드레스〔ナイトゥ ドゥレス〕,네글리제〔ネグルリジェ〕	night dress
ナイトローブ	长袍睡衣	나이트 가운〔ナイトゥ ガウン〕	night robe
ラウンジウェアー	家常长袍	레저용 가운〔レジョヨン ガウン〕	lounging gown
レオタード	蹈舞连衣裤	레오타드〔レオタドゥ〕, 밀착 타이즈〔ミルチャク タイジュ〕	leotard
水着	游泳衣	수영복〔スヨンボク〕	swim wear
バスローブ	浴衣	목욕 가운〔モギョク ガウン〕	bath robe

[XII] インナーウェア・レッグウェア関係用語　167

◆インナー素材用語	内衣原料用語	속옷 원료 용어〔ソゴッ ウォンリョ ヨンオ〕	under wear materials
経編み	经编	경사 편성〔キョンサ ピョンソン〕,날실뜨개〔ナルシルトゥゲ〕	warp knitting
丸編み	圆型针织	양면 편성〔ヤンミョン ピョンソン〕,원형뜨개〔ウォニョントゥゲ〕	circular knitting
緯編み	纬编	직물 뜨개질〔チンムル トゥゲジル〕	weft knitting
横編み	横机, 手摇机	뽕모양 뜨개질〔ポンモヤン トゥゲジル〕	flat knitting
チューブラーニット	圆筒形针织	관모양 짜임〔クァンモヤン チャイム〕	tubular knit
トリコット編み	特里科经编	트리코〔トゥリコ〕	tricot
ハーフトリコット	经平组织	하프 트리코〔ハプ トゥリコ〕	half tricot
ラッセルレース	拉舍尔经编	럿셀 레이스〔ラッセル レイス〕	rasechel
スムース	双罗纹针织布	더블 립〔ドブル リプ〕,양겹〔ヤンギョプ〕	double rib
ストレッチレース	弹力花边	탄력 레이스〔タンニョク レイス〕	stretch lace

マーキージェットレース	薄纱罗花边	얇은 레이스〔ヤルブン　レイス〕	marquisette lace
チュールレース	六角网眼花边	튤 레이스〔トゥルリ　レイス〕튈 레이스〔トゥエル　レイス〕	tulle lace
ケミカルレース	烂花花边	케미칼 레이스〔ケミカル　レイス〕,인조섬유〔インジョソミュ〕	chemical lace
リバーレース	利巴花边	리버 레이스〔リボ　レイス〕	leaver lace
落下版レース	狭梭结花边	홀 브레이드 레이스〔ホル　ブレイドゥ　レイス〕	hole braid lace
リジェットレース	定形花边编带	리지드 레이스〔リギドゥ　レイス〕,빳빳한 레이스〔パッパッタン　レイス〕	rigid lace
サテン	缎纹布	샤틴〔シャティン〕	satin
両面サテン	双面缎纹布	양면 샤틴〔ヤンミョン　シャティン〕	double face satin
チュールネット	六角网眼网布	튈 네트〔トゥイル　ネトゥ〕	tulle net
サテンネット	缎纹网布	새틴 망〔セティン　マン〕	satin net
パワーネット	弹力网布	고탄력 망〔コタンリョク　マン〕	power net
メッシュ	网布	망사〔マンサ〕	mesh

[XII] インナーウェア・レッグウェア関係用語

パターンメッシュ	花样网布	무늬망사〔ムニマンサ〕	pattern mesh
不織布	不织布	부직포〔プジッポ〕	non woven fabric
ラメ	装饰金银线	라메실〔ラメシル〕, 금・은・금속실〔クム・ウン・クムソクシル〕	lame yarn
マイクロファイバー	微型纱	마이크로 파이버〔マイクロ パイボ〕, 미세 섬유조직〔ミセ ソミュ ジョジク〕	micro fiber
前中心布	前中心布	앞면 중심부〔アムミョン チュンシムブ〕	center front
脇布	胁布	사이드〔サイドゥ〕	side
ストラップ	布带	가죽끈〔カジュクックン〕	strap
カップ	乳峰	ＣＵＰ컵〔ＣＵＰコプ〕	cup
カップ裏打ち布	乳峰里布	ＣＵＰ안감〔ＣＵＰアンガム〕	cup lining
上カップ	上乳峰	상위ＣＵＰ〔サンウィ ＣＵＰ〕	upper cup
下カップ	下乳峰	하위ＣＵＰ〔ハウィ ＣＵＰ〕	under cup
カップ渡り	乳峰间宽	ＣＵＰ넓이〔ＣＵＰノルビ〕	cup width

下辺ゴム	下边松紧带	신축성 있는 바탕끈〔シンチュクソン インヌン パタンックン〕	bottom elastic band
バック布	胸罩里布	안감〔アンガム〕	inside fabric
ワイヤー	钢丝	와이어〔ワイオ〕	wire
レース	花边松紧带	신축성 레이스〔シンチュクソン レイス〕	elastic lace
ループ	线环	고리〔コリ〕	loop
雄カン	男钩	갈고리〔カッコリ〕	hook
雌カン	女钩	단추구멍〔タンチュグモン〕	eye
ボストン	吊袜夹带	스냅단추〔スネプタンチュ〕	gripper
〇カン	圆钩	O형 갈고리와 구멍〔Oヒョン カルゴリワ クモン〕	O hook & eye
Zカン	Z钩	Z형 갈고리와 구멍〔Zヒョン カルゴリワ クモン〕	Z hook & eye
8カン	8钩	8형 갈고리와 구멍〔8ヒョン カルゴリワ クモン〕	8 hook & eye
ヒートカット	热裁剪	열 카팅〔ヨル カティン〕, 열재단〔ヨルチェダン〕	heat cutting

リボン	缎帯	리본〔リボン〕	ribbon
フィルムボーン	塑胶薄骨片	필름 본〔ピルルム ボン〕, 뼈대〔ピョデ〕	film bone
マカロニテープ	中空扁带	마카로니 테잎〔マカロニ テイプ〕	macaroni tape
ピコットテープ	锯齿边扁带	피코 테잎〔ピコ テイプ〕, 레이스 가장자리〔レイス カジャンジャリ〕	picot tape
コメットテープ	罗纹吊线绣花扁带	코멧 테잎〔コメッ テイプ〕	komet tape
伸び止めテープ	小绊, 接缝挟带	스테이 테잎〔ステイ テイプ〕, 고정테잎〔コジョンテイプ〕	stay tape
T・Cバイアス	棉混斜条	폴리에스터〔ポルリエスト〕, 코튼 변형 방지 테잎〔コトゥン ピョニョン バンジ テイプ〕	polyester/cotton bias-tape
ナイロンハーフバイアス	尼伦半斜条	나일론 하프 변형 방지 테잎〔ナイルロン ハプ ピョニョン バンジ テイプ〕	nylon half bias tape
タフタバイアス	花塔夫斜条	태피터 변형 방지 테잎〔テピト ピョニョン バンジ テイプ〕	taffeta bias tape
タブ	垂片, 袋盖	탭〔テプ〕, 꼬리표〔コリピョ〕	tab

細幅	细幅	좁은 쪽〔チョブン チョク〕	narrow
広幅	宽幅	넓이〔ノルビ〕	width
出来上がり寸法	成品尺寸	완제품 칫수〔ウァンジェプム チッス〕(싸이즈〔サイジュ〕), 의복 치수〔ウィボク チッス〕(사이즈)	finished size, garments size
置き寸	放桌上量的尺寸	제품 측정표〔チェプム チュクジョンピョ〕	measurement on table
クロッチ	裤裆	크러치〔コリチ〕	crutch
足ぐり	上裆围	허벅지 치수〔ホボクチ チッス〕, 사이즈〔サイジュ〕	high thigh size
紙ラベル	纸标鉴	종이 라벨〔チョンイ ラベル〕	paper label
肌着関係用語	**汗衣**	**내의〔ネウィ〕**	**under wear**
丸首シャツ	圜領汗衫	라운드 디자인 속셔츠〔ラウンドゥ ディジャイン ソクショチュ〕	round neck under shirts
U首シャツ	U領汗衫	U형 디자인 속셔츠〔Uヒョン ディジャイン ソクショチュ〕	Uneck under shirts

[XII] インナーウェア・レッグウェア関係用語

V首シャツ	V領汗衫	V형 디자인 속셔츠〔Vヒョン ディジャイン ソクショチュ〕	Vneck under shirts
ランニングシャツ	无领袖汗衫	운동복〔ウンドンボク〕	running shirts
クレープシャツ	绉布汗衫	주름 속셔츠〔チュルム チョクショチュ〕	crepe under shirts
コットンシャツ	棉汗衫	면티〔ミョンティ〕	cotton under shirts
すててこ（男）	绉布七分汗裤	팬티〔ペンティ〕(남〔ナム〕)	under pants
さるまた（男）	棉内裤（男）	트렁크 사각팬티〔トゥロンク サガクペンティ〕(남〔ナム〕)	trunks
ショーツ	短内裤	반바지〔パンバジ〕	shorts
ブリーフ	针织三角裤	짧은 팬티〔チャルブン ペンティ〕	briefs
トランクス	运动式内裤	사각팬티〔サガクペンティ〕	trunks
成型肌着	成型汗衣	성형 무늬 속옷〔ソンヒョン ムニ ソゴッ〕	fashioning knit underwear

肌着用編み地・機械	内衣用编织・机械	기계 속옷〔キゲ ソゴッ〕	machine for underwear
三段両面編（機）	三动程双罗纹编（机）	삼부분 연동 뜨개질〔サムブブン ヨンドン トゥゲジル〕	triple interlock knitting
多衝程両面編（機）	多冲程双面罗纹编（机）	다중 공정 연동 장치〔タジュン コジョン ヨンドン チャンチ〕	multi-process interlock
天竺編み	平编织	평범한 바느질〔ヒョンボマン パヌジル〕	plain stitches
フライス編み（機）	圆型编织（机）	나선식 립〔ナソンシク リプ〕	circular rib
目移し編み（機）	移针花纹编织（机）	이동식 바늘〔イドンシク パヌル〕	transfer stitches
リブ編み	罗纹编织	립바늘〔リプパヌル〕	rib stitches
両面編み（機）	双面编织（机）	이중 뜨개질〔イジュン トゥゲジル〕	double knitting
アイレット編（機）	花边编（机），纱罗编（机）	작은 구멍 뜨개질〔チャグン クモン トゥゲジル〕	eyelet knitting
シンカー台丸機	沉降片圆纬机	추〔チュ〕, 상위 순환 뜨개질〔サンウィ スナン トゥゲジル〕	sinker top circular knitting
シンカーヒル	吊机，马利歇缩斯机	추〔チュ〕, 원동기〔ウォンドンギ〕	sinker wheel

[XII] インナーウェア・レッグウェア関係用語 175

シングル丸編機	单面圜型编织机	단원 순환 뜨개질〔タヌォン スナン トゥゲジル〕	single circular knitting
吊り機	沉降机	추기계〔チュキゲ〕	sinker machine
プレッサーホイル	压针轮, 压编轮	압력 기계〔アムリョク キゲ〕	presser wheel
シリンダー	针筒	실린더〔シルリンド〕	cylinder
ダイアル	针盘	다이얼〔ダイオル〕	dial
ステッチカム	弯纱, 成圈三角	바늘 캠〔パヌル ケム〕	stitch cam
ノックオーバーカム	脱圈三角	역류 캠〔ヨンニュ ケム〕	knock-over cam
レッグ・ウェア関係	**袜子类关系**	**다리의류〔タリウィリュ〕**	**leg wear**
靴下	袜子	다리의류 및 양말〔タリウィリュ ミッ ヤンマル〕	leg wear, socks
ソックス	短袜	양말〔ヤンマル〕	socks
ストッキング	丝袜	스타킹〔スタキン〕	stocking
シームレスストッキング	无缝丝袜, 圆型编丝袜	솔기 없는 스타킹〔ソルギ オムヌン スタキン〕	seamless stocking

パンティーストッキング	连裤丝袜	팬티 스타킹〔ペンティ　スタキン〕	panty hose
ファッションストッキング	流行丝袜	유행성 스타킹〔ユヒョンソン　スタキン〕	fashion stocking
オーバーニー	膝盖上	무릎 보호대〔ムルプ　ポホジェ〕	over knee
ハイソックス	长袜	긴 양말〔キン　ヤンマル〕	high socks
ルーズソックス	宽松袜	헐렁한 양말〔ホルロンハン　ヤンマル〕	loose socks
ビジネスソックス	职业用袜（男）	신사복 정장 양말〔シンサボク　チョンジャン　ヤンマル〕	business socks
平編みソックス	平织袜	평면뜨개 양말〔ピョンミョントゥゲ　ヤンマル〕	plain knitting socks
リブ編みソックス	罗纹袜	립 양말〔リプ　ヤンマル〕	rib socks
スパッツ	紧身裤袜	각반〔カクパン〕	spats
タイツ	紧身厚裤袜, 腿罩	타이즈〔タイジュ〕	tights
レッグウォーマー	保温脚罩	다리 온열〔タリ　オニョル〕	leg warmer
足袋	日式布袜	다비〔タビ〕, 일본식 양말〔イルボンシク　ヤンマル〕	tabi, japanese socks

[XII] インナーウェア・レッグウェア関係用語　177

手袋	手套	장갑〔チャンガプ〕	gloves
手編みカバー	手編套	뜨개 손덮개〔トゥゲ　ソントプケ〕	hand knitting cover
フットカバー	脚罩	발 덮개〔パル　トプケ〕	foot cover

靴下関係用語　　襪子用花紋　　다리전용 기계〔タリチョニョン　キゲ〕　　legging machine

アーガイル	阿盖耳, 菱形花紋	편물기〔ピョンムルギ〕	argyle
ジャカード	提花	자카드 직물기〔ジャカドゥ　チンムルギ〕	jacquard
プリント	印花	인쇄기〔インスェギ〕	print
混合柄	混合花紋	혼합 무늬〔ホナプ　ムニ〕	mix pattern
シンカー柄	単面提花花紋	단면 자카드 직물기〔タンミョン　ジャカドゥ　チンムルギ〕	sinker jacquard
タック柄	集圏花紋	밀기식 바늘〔ミルギシク　パヌル〕	tuck stitches
スパイラル柄	螺施形花紋	나선형 무늬〔ナソンヒョン　ムニ〕	spiral pattern
リンクス柄	凹凸提花花紋	고리식 자카드 직물기〔コリシク　ジャカドゥ　チンムルギ〕	links jacquard

切り替え柄	横条花纹	가장자리 조각〔カジャンジャリ チョガク〕	border strip
メッシュ柄	网眼花纹	망사 무늬〔マンサ ムニ〕	mesh pattern
ボス柄	绣花添纱花纹	돌기 무늬〔トルギ ムニ〕	boss pattern

[XIII] 縫製工場・生産関係用語

縫製品生産工程用語	生产流程用语	생산공정 용어〔センサンコンンジョン ヨンオ〕	making process word
加工指図書	加工规格单	가공 지도서〔カゴン チドソ〕	work sheet
デザイン画	设计图	디자인 스케치〔ディジャイン スケチ〕	design sketch
サンプル縫製	缝制样品	샘플 봉제〔セムプル ボンジェ〕	sewing sample
サンプル確認	确认样品	샘플 확인〔セムプル ファギン〕	approval sample
パターンメーキング	划纸板	패턴 제조〔ペトン チェジョ〕	pattern making
工業用パターン	工业制板	공업용 패턴〔コンオプヨン ペトン〕	industrial pattern
パターングレーディング	型号放缩	패턴 등급〔ペトン トゥングプ〕, 패턴 그레이딩〔ペトン グレイディン〕	pattern grading
パターンパーツ数	纸样片数	패턴파츠의 수〔ペトンパチュエ ス〕	quantity of pattern parts
工程研究	研究流程	공정연구〔コンジョンヨング〕	studying process

縫製準備工程	准备缝认的流程	봉제준비 공정〔ポンジェジュンビコンジョン〕	sewing preparing process
レイアウト	布置图，线络图	본넣기〔ポンノッキ〕, 레이아웃〔レイアウッ〕	layout
マーキング	描样	본뜨기〔ポントゥギ〕, 마킹〔マキン〕	marking
原反	布匹，整匹	원단〔ウォンダン〕	fabric roll
織物生地	织布，面料，布料	직물생지〔チンムルセンジ〕	woven fabric
ニット生地	针织布	니트생지〔ニトゥセンジ〕	knitted fabric
不織布	不纺织布	부직포〔プジクポ〕	non-woven fabric
付属類	辅料，辅件，零件	부자재〔プジャジェ〕	notions, findings
裏地	里布	안감〔アンガム〕	lining
芯地	衬布	심지〔シムジ〕	interlining
毛芯	毛衬	모심지〔モシムジ〕	wool canvas
見返し芯	贴边衬	안단〔アンダン〕	interfacing
中入れ	填絮，填料	심〔シム〕	interlining
接着芯	粘合衬	접착심지〔チョプチャクシムジ〕	fusible interlining

検反	布料检査	검단〔コムダン〕, 직물검사〔チンムルコムサ〕	inspection fabrics
地直し	布料整理	수정흠〔スジョンフム〕	grain mending
縮〔スポンジング〕	润湿预缩	축임질〔チュギムジル〕, 스펀징〔スポンジン〕	sponging
延反	叠布	연단〔ヨンダン〕	spreading
放反	松布	릴랙싱〔リルレクシン〕	relaxing
型入れ	排板	본 그리기〔ポン クリギ〕, 마킹〔マキン〕	marking
表地裁断	裁剪面料	겉감 재단〔コッカム チェダン〕	cutting fabric
付属裁断	裁剪零件	부속 재단〔プソク チェダン〕	cutting interlining
切符付け	订票检	티켓팅〔ティケッティン〕	ticketing
目打ち	钻孔推子	마킹〔マキン〕	marking by drill
仕分け	分配, 分束	분류〔ブンリュ〕	sorting
バンドリング	集束, 成束	번들링〔ボンドルリン〕, 방치짓기〔パンチチッキ〕	bundling
裁断くず	碎布, 裁断余料	재단설〔チェダンソル〕	cloth waste, cab

パーツ縫製工程用語	零件縫紉流程	부분 봉제〔ブブン ボンジェ〕, 파츠 봉제〔パチュ ボンジェ〕	parts sewing process
前処理	縫前処理	전처리〔チョンチョリ〕	process in advance
リンキング	縫合	봉합〔ポンハプ〕, 링킹〔リンキン〕	linking
サージング	锁边缝纫	서징〔ソジン〕	serging
芯処理	衬処理	심지처리〔シムジチョリ〕	interlinig
折り	折	옷개기〔オッケギ〕	folding
回り折り	折边	구김〔クギム〕	creasing
縫い	缝纫	봉제〔ポンジェ〕	stitching, sewing
中間仕上げ	中間整烫	중간 가공〔チュンガン カゴン〕	intermediate finish
中間検査	中間检查	중간 검사〔チュンガン コムサ〕	intermediate inspection
組立縫製工程	装配缝纫流程	조립봉제 공정〔チョリプボンジェ コンジョン〕	assemble sewing process
最終仕上げ工程	最后整理流程	최종정리 공정〔チェジョンチョンニ コンジョン〕	final finishing process
仕上げアイロン	最后熨烫	최후 다림질〔チェフ タリムジル〕	final ironing

[XIII] 縫製工場・生産関係用語　183

タグ付け	订吊牌	태그 붙임 〔テグ　プチム〕	attaching tag
最終検査	最后检查（验货）	최종 검사 〔チェジョン　コムサ〕	final inspection
折り畳み	折叠	옷개기 〔オッケギ〕	folding
袋入れ	装袋	배깅 〔ベッキン〕	bagging
ハンガー掛け	挂衣架	행깅 〔ヘンギン〕	hanging
カバー掛け	盖覆	커버링 〔コボリン〕	covering
包装	包装	포장 〔ポジャン〕	packing
パッキングリスト	包装单	패킹 리스트 〔ペキン　リストゥ〕	packing list
縫製作業用語	**缝制作业用语**	**봉제작업 용어 〔ポンジェジャゴプ ヨンオ〕**	**words for sewing**
あいびき	边缝	옆솔기 〔ヨプソルギ〕	slacks side seam
当て縫い	贴边缝	눌러박기 〔ヌルロバッキ〕	sttaching a facing
穴かがり	锁钮孔	단추구멍 〔タンチュグモン〕	holding
あふり止め	假缝	시침질 〔シチムジル〕	basting
アップリケ	贴花绣，嵌花绣	아플리케 〔アプルリケ〕	applique

合わせ縫い	縫合	합쳐박기〔ハプチョバッキ〕, 봉합〔ポンハプ〕	over lapped seam supperposed seam
いせる	归缩, 缩结	주름〔チュルム〕	easing
いせ量	归缩量, 缩结分量	주름수〔チュルムス〕	fullness
糸ループ	锁连线	봉합사〔ポンハプサ〕	thread chain loop
一本押さえ縫い	单线叠缝	한줄박기〔ハンジュルバッキ〕	single lapped seam
インチ間縫い目	英寸间针数	인치간 땀수〔インチガン タムス〕, S・P・I	S・P・I
衿さし	领子疏缝	칼라속 넣어박기〔カルラソク ノオバッキ〕	roll padding collars
延反	叠布	연단〔ヨンダン〕	spreading
奥まつり	暗缝线, 撬缝	속감침봉〔ソッカムチムボン〕	blind stitch felling
押さえミシン	叠缝, 搭接缝	접어 눌러박기〔チョボ ヌルロバッキ〕	lapped seam
落としミシン	漏落缝, 暗缝线	눌러박기〔ヌルロバッキ〕	concealed seam
折り返し	折边	접어 뒤집기〔チョボ トゥイジップキ〕	fold

[XIII] 縫製工場・生産関係用語

折り伏せ縫い	折边叠缝	접어 눌러박기〔チョボ ヌルロバッキ〕	flat felled seam
返し縫い	回针, 往复针	뒤집어박기〔トゥイジボバッキ〕	back tuck, pre stitch, reversible feed
かがり縫い	锁边缝, 包边缝	감침질〔カムチムジル〕	overcasting
額縁縫い	角縫, 框縫	일정각 기준박기〔イルジョンガク キジュンバッキ〕	square pattern seam
重ねはぎ	来回缝, 重叠缝	말아박기 솔기〔マラバッキ ソルギ〕	overlapped seam
重ね縫い	加固缝, 叠缝	말아박기〔マラバッキ〕	superimposed seam
飾り縫い（ミシン）	花式缝, 装饰线迹	장식박기〔チャンシクバッキ〕	decorative stitch
片倒し押さえミシン	双线叠缝	한쪽누름쇄 미싱〔ハンチョクヌルムセ ミシン〕	double welt seam
角取り	角切, 斜剪	모서리〔モソリ〕	chamfer
角縫い	角縫	각박기〔カクバッキ〕	corner seam
かんぬき止め	加固针缝, 套结, 打匣	고정박기〔コジョンバッキ〕	bartucking, tucking
環縫い	锁缝	체인 스티치〔チェイン スティチ〕, 단환봉〔タンファンボン〕	chain stitch
仮縫い	假縫, 试样縫	시침질〔シチムジル〕, 가봉〔カボン〕	basting

機械まつり	机器暗缝	기계 시침봉 〔キゲ シチムボン〕	machine blind stitch
きせ	丰满度，余折缝头	늘림 시점 〔ヌルリム シジョム〕	fullness
ギャザー	打绉	개더 〔ゲド〕	gather
くせとり	省缝，压模	균형잡기 절단작업 〔キュニョンチャプキ チョルダンチャゴプ〕	molding
くるみ縫い	包缝	접은 솔 〔チョブン ソル〕	bound seam, binding
クロスステッチ	十字形刺绣针迹	크로스 스티치 〔クロス スティチ〕	cross stitch
毛抜き合わせ	合盘缝合，缝净边	붙여박음 〔プチョバグム〕	abutted seam
腰縫い	腰缝	허리 봉제 〔ホリ ボンジェ〕	waist seam
ゴージ縫い	领围缝，兜领缝	꺾임선 박기 〔コギムソン バッキ〕	sewing gorge
コーディング刺繡	饰绳，饰边刺绣	코딩 〔コディン〕	cording
コードパイピング	沿边，滚边	코드 파이핑 〔コドゥ パイビン〕	cord piping
小股縫い	小裆缝	앞밑솔기 〔アンミッソルギ〕	seat seam
殺す	压死	시접붙이기 〔シジョッププチギ〕	setting
コバステッチ	边缘明线	눌러박기 〔ヌルロバッキ〕	top stitch
先縫い	领尖缝	끝단박기 〔クッタンバッキ〕	sharp corner seam

[XIII] 縫製工場・生産関係用語　187

さし縫い	衲縫	속 포개박기〔ソク　ポゲバッキ〕	pad stitch
サージング	包边，锁边，哗叽缝	감침봉〔カムチムボン〕	serging
サテンステッチ	纹刺绣针迹，长针绣	새틴스티치〔セティンスティチ〕	satin stitch
三重縫い	三针平车，三针直线缝	3본침박기〔3ボンチムバッキ〕	triple stitch
仕上げプレス	后熨烫	완성 프레스〔ウァンソン　プレス〕	finish pressing
シェルタック	贝壳式绉褶，荷叶边	셸턱〔シェルトク〕	shell tuck
ジグザグ模様縫い	锯齿缝	지그재그박기〔ジグジェグバッキ〕	zigzag decoration stitch
しつけ縫い	假缝，粗缝，绗缝	시침박기〔シチムバッキ〕	basting
地縫い	平缝，缝合	초벌박기〔チョボルバッキ〕	run stitch
地縫い返し	回针缝合	박음선 뒤집기〔パグムソン　トゥイジプキ〕	run and turn
地縫い割り	开口缝	박음시접 가르기〔パグムシジョプ　カルギ〕	run and open
シーム	缝线，接线	솔기〔ソルギ〕，심〔シム〕	seam
シャーリング	多层收绉，绉缝	잔주름 잡기〔チャンジュルム　ジャプキ〕	shirring
尻縫い	臀围缝	뒷솔기 박기〔トゥィッソルギ　バッキ〕	hip seam
伸縮縫い	伸缩缝，弹力线缝	당겨 박기〔タンギョ　バッキ〕	stretch seam, elastic seam

芯据え	貼衬	심 접착〔シム チョプチャク〕	setting interlining
スカラップ縫い	月牙扣边针	쪽잇기〔チョギッキ〕	scallop stitch
裾引き（天地）	折边缝	밑단 접기〔ミッタン チョプキ〕	hemming
裾縫い	下摆翻边缝	밑단 접어박기〔ミッタン チョボバッキ〕	blind over edging
ステッチ糸	明线丝	스티치사〔スティチサ〕	stitching thread
捨てミシン	滚边，缝边	시침박기〔シチムバッキ〕	stay stitch
スーパージグザグ	超极锯齿缝	수퍼 지그재그박기〔スポ ジグジェグバッキ〕	super zigzag stitch
模様縫い	花纹缝	모양박기〔モヤンバッキ〕	pattern stitch
スモッキング	图案形衣绉	스모킹〔スモキン〕	smocking
せっぱかがり	线绊，锁连	심고정 눌러박기〔シムゴジョン ヌルロバッキ〕	chain stitch loop
そく縫い	叠层缝	봉합〔ポンハプ〕	stitching together
袖縫い	缝袖子	소매박기〔ソメバッキ〕	sleeve seam
裁ち目手まつり	手工锁边	절단 감침바느질〔チョルダン カムチムバヌジル〕	slip stitch

[XIII] 縫製工場・生産関係用語　189

裁ち目かがり	锁边, 拷边	절단부위　감침〔チョルダンブウィ　カムチム〕	serging
裁ち目始末	布边処理	끝단〔クッタン〕	finishing edges
タッキング	褶裥	외주름〔ウェジュルム〕	tucking
タック縫い	缝裥, 缝褶	외주름솔〔ウェジュルムソル〕	tucked seam
ダーツ縫い	省缝	주름박기〔チュルムバッキ〕	dart sewing
玉縁縫い	袋口滾边	입술박기〔イプスルバッキ〕	welt seam
千鳥かがり	Z字形线迹	지그재그박기〔ジグジェグバッキ〕	catch stitching
千鳥まつり	锯齿形线迹	지그재그뜨기〔ジグジェグトゥギ〕	zigzag stitching
突き合わせはぎ	拼接缝, 接合缝	맞붙여박기〔マップチョバッキ〕	abutted seam
突き合わせ千鳥はぎ	拼接锯齿形缝	지그재그　맞붙여박기〔ジグジェグ　マップチョバッキ〕	abutted zigzag stitch
繕い縫い	修缝	수선〔スソン〕	darning ,mending
包み縫い	包缝, 滾边	접음솔〔チョブムソル〕	bound seam
つまみ縫い	褶缝	접어박기〔チョボバッキ〕	tucked seam
手差し	手工疏缝	핸드 패딩〔ヘンド　ペディン〕	hand padding
手まつり	手工绕缝	손으로　감침〔ソヌロ　カムチム〕	hand blind stitch

点線模様縫い	点线滚轮	점선형 박기〔チョムソニョン バッキ〕	multiple decoration stitch
通し縫い	连续缝	고정박기〔コジョンバッキ〕	stitching through
とじ縫い	接结缝	구멍박기〔クモンバッキ〕	closing
どんでん返し	翻转	박아 뒤집기〔パガ トゥイジプキ〕	turn back
中とじ	衍缝	속감 겉감 고정박기〔ソッカム コッカム コジョンバッキ〕	closing inside
二重縫い	双线缝，双层缝合	2줄 박음〔2ジュル バグム〕	double stitched seam
二条縫い〔二本針〕	双针平缝	2본침〔2ボンチム〕	twin needle stitch
縫い返し	重头，反缝	박고 뒤집기〔パッコ トゥイジプキ〕	stitch and turn
縫い代	缝头，缝边，毛头	솔기시접 여유〔ソルギシジョプ ヨユ〕	seam allowance
縫い目割り	缝线开口	솔기시접 가르기〔ソルギシジョプ カルギ〕	seam opening
根巻き（ボタン付け）	绕扣线	단추 목실감기〔タンチュ モクシルカムギ〕	wrapping button shank
伸び止め縫い	防伸缩缝	늘여 고정박기〔ヌリョ コジョンバッキ〕	stitching prevent stretch

[XIII] 縫製工場・生産関係用語　191

眠り穴かがり	平眼锁钮孔	일자형 단추구멍〔イルチャヒョン タンチュグモン〕	straight button hole
バイピング	滚边	파이핑〔パイピン〕	piping
バイアス縁取り	斜条滚边	바이어스 파이핑〔バイオス パイピン〕	bound with bias tape
バインダー縁取り	滚边机滚边	바인더〔バインド〕	binding
はぎ	缝补, 缝接	잇기〔イッキ〕	joining
箱ひだ	箱式褶缝	주머니판 주름잡기〔チュモニパン チュルムチャプキ〕	box pleats
は刺し	八字形疏缝	팔자뜨기〔パルチャトゥギ〕	diagonal padding seam
挟み縫い	挟紧缝	헤리박기〔ヘリバッキ〕	piped seam
端一本押さえ	单线打边缝	1본주름〔1ボンジュルム〕	edge single lapped seam
端ミシン	边缘缝	단스티치〔タンスティチ〕	edge stitching
鳩目穴かがり	圆眼锁钮孔	끝구멍형 단추구멍〔クックモンヒョン タンチュグモン〕	eyelet button hole
半伏せ縫い	半包缝	눌러박기〔ヌルロバッキ〕	lapped seam
ピコット	狗牙边	피코〔ピコ〕	picot stitch
ひだ取り	褶裥	주름장식〔チュルムジャンシク〕	ruffling

ひだ取り縫い	褶裥縫	주름박기〔チュルムバッキ〕	pleating seam
ピンタック縫い	細褶縫	주름접어 연속박기〔チュルムチョボ ヨンソクバッキ〕	pin tucked seam
ピンキング	衣边剪花，锯敕切线	삼각 절단〔サムガク チョルダン〕, 핑킹〔ピンキン〕	pinking scissors
ファスナー付け	上拉链	지퍼달기〔ジポダルギ〕	fastener sewing
ファゴッティング	花饰针机接线	패거팅〔ペゴティン〕	fagoting
袋縫い	筒状縫合，来去线	주머니 제작박기〔チュモニ チェジャクバッキ〕	french seam
伏せ縫い	咬口折边，折缝	눌러박기〔ヌルロバッキ〕	welt seam
二つ折り縫い	双折边叠缝，对折缝	2번 접어박기〔2ボン チョボバッキ〕	fellting
縁かがり	扞边，包边线	서어징〔ソオジン〕	serging
縁縫い	券边缝	입술 눌러박기〔イプスル ヌルロバッキ〕	over edging
ブラインドステッチ	暗縫	박음실 노출되지않게 속만 박기〔パグムシル ノチュルテジアンケ ソンマン バッキ〕	blind stitch

ブランケットステッチ	毛毯边锁缝	단 접어박기〔タン チョボバッキ〕	blanket stitch
ヘミング	缝边, 折边, 缀缝	솔기 싸서박기〔ソルギ サソバッキ〕	hemming
へり縫い	缝边	보강천 박기〔ポガンチョン バッキ〕	over edging
補強縫い	加固缝	떠 박아주기〔ト バガジュギ〕	reinforcing seam
星縫い	暗边缝	단추구멍〔タンチュグモン〕	blind edge stitch
ボタン穴かがり	锁眼缝	단추달이〔タンチュダリ〕	button holing
ボタン付け	订钮扣	단 풀리지않게 박아주기〔タン プルリジアンケ バガジュギ〕	button sewing
ほつれ止め	绽开重缝, 锁缝	말아박기〔マラバッキ〕	serging
巻き縫い	包边缝	겉솔기 박기〔コッソルギ バッキ〕	rolled seam
股上縫い	裤裆缝	안솔기 박기〔アンソルギ バッキ〕	seam crotch
股下縫い	下裆缝	귀박기〔クィバッキ〕	seat and inside sewing
まち縫い	拼角缝, 拼条缝	감침봉〔カムチムボン〕	stitching gore
まつり	绕缝, 包缝	감침부위 접어박기〔カムチムブィ チョボバッキ〕	blind stitch
丸穴かがり	锁圆眼缝	원형구멍〔ウォニョングモン〕	making eye

縫製作業用語

三つ折り縫い	三折縫	3번 접어박기〔3ボン　チョボバッキ〕	three fold seam
ゆとり	松馳	여유분〔ヨユブン〕	ease
四つ折り縫い	四折縫	4번 접어박기〔4ボン　チョボバッキ〕	four fold seam
両伏せ縫い	双折边叠縫	양쪽 눌러박기〔ヤンチョク　ヌロバッキ〕	fell seam
リンキング	縫合，縫盘	링킹〔リンキン〕,봉합〔ポンハプ〕	linking
脇縫い	边縫	옆솔기 박기〔ヨプソルギ　バッキ〕	side seam
渡しまつり	接縫	속단 감침〔ソクタン　カムチム〕	whip stitch
割り押さえ縫い	双针开口縫	시접 펴서 눌러박기〔シジョプ　ピョソ　ヌロバッキ〕	plain seam double top stitch
割り縫い	开口縫、縫合辟縫	시접 펴박기〔シジョプ　ピョバッキ〕	top stitch seam
割りはぎ	套口縫合	심 기르기〔シム　カルギ〕	open seam
割り伏せ縫い	开口包縫	시접 갈라 늘러박기〔シジョプ　カルラ　ヌロバッキ〕	top stitched seam
割る	縫开	솔기 시접가르기〔ソルギ　シジョプカルギ〕	seam opening

ミシン関係用語	缝纫机用语	재봉기용어〔チェボンギヨンオ〕	sewing machines
◆ミシン	缝纫机	재봉기〔チェボンギ〕	sewing machines
インターロックミシン	安全缝纫机，连锁缝机	인털록 재봉기〔イントルロク　チェボンギ〕	safety stitch machine
エッジコントロールミシン	锁缝机，缝边机	에지 콘트롤 재봉기〔エジ　コントゥロル　チェボンギ〕	edge control seamer
オーバーロックミシン	锁式线迹缝纫机拷克	오버록 재봉기〔オボロク　チェボンギ〕	overlock machine
かんぬき止めミシン	套结缝纫机	바태킹 재봉기〔バテキン　チェボンギ〕	bar tacking machine
サージングミシン	锁边缝纫机	서어징 재봉기〔ソオジン　チェボンギ〕	serging machine
差動送り本縫いミシン	差动送布缝纫机	차동송 본봉기〔チャドンソン　ポンボンギ〕	differential feed lock-stitch machine
自動玉縁作りミシン	自动扎袜口机	자동입술 봉합기〔チャドンイプスル　ポンハプキ〕	automatic welting

すくい縫いミシン	暗缝缝纫机	블라인드 스티치 재봉기〔ブラインドゥ スティチ チェボンギ〕	blind stitch sewing
袖付けポスト型ミシン	立柱底板袖缝机	포스트형 소매 달이기〔ポストゥヒョン ソメ ダリギ〕	post bed sleeve attaching machine
筒型しつけミシン	筒形疏缝机	원통형 시침 재봉기〔ウォントンヒョン シチム チェボンギ〕	cylinder bed basting
単糸環しつけミシン	单线锁式疏缝机	단환봉 시침 재봉기〔タンファンボン シチム チェボンギ〕	single thread chainstitch basting machin
本縫いボタンつけミシン	锁式订扣机	본봉 단추달이 재봉기〔ポンボン タンチュダリ チェボンギ〕	lockstitch button sewing machine
単糸環ボタンつけミシン	单线锁式订扣机	단환봉 단추달이 재봉기〔タンナボン タンチュダリ チェボンギ〕	single thread chain-stitch button sewing
二重環縫い筒型ミシン	双针筒锁式缝纫机	2중환봉 원통형 재봉기〔2ジュンファンボン ウォントンヒョン チェボンギ〕	double chain stitch cylinder bed sewing
二重環縫いミシン	双线锁式缝纫机	2중 환봉 재봉기〔2ジュン ファンボン チェボンギ〕	double chain stitch machine

[XIII] 縫製工場・生産関係用語

二本針飾り縫いミシン	双針链式缝纫机	2본 침장식 박기 재봉기〔2 ボン チムジャンシク バッキ チェボンギ〕	2-needle ornamental stitching machine
二本針本縫いミシン	双针平缝纫机	2본 침본봉 재봉기〔イボン チムボンボン チェボンギ〕	2-needle lockstitch machine
眠り穴かがりミシン	平眼锁眼机	단추구멍〔タンチュグモン〕	straight buttonholing
鳩目穴かがりミシン	凤眼锁眼机	아일레트 단추구멍기〔アイルレトゥ タンチュグモンギ〕	eyelet buttonholing
平ベッドミシン	平机，横机	평 재봉기〔ピョン チェボンギ〕	flat bed machine
針送りミシン	针送布缝纫机	침송 재봉기〔チムソン チェボンギ〕	needle-feed sewing machine
偏平縫いミシン	绷缝缝纫机	플랫록 재봉기〔プルレッロク チェボンギ〕	flat lock machine
本縫いミシン	平车，平缝缝纫机	본봉(플랫심 재봉기)〔ポンボン（プルレッシム）チェボンギ〕	flat seaming machine
本縫い千鳥ミシン	锯齿形锁式线迹缝纫机	본봉 지그재그 재봉기〔ポンボン ジグジェグ チェボンギ〕	lockstitch zig zag sewing machine
メス付き本縫いミシン	刀口缝纫机	칼 본봉 재봉기〔カル ボンボン チェボンギ〕	edge trimming sewing machine

198 ミシン関係用語

| 四本針偏平縫いミシン | 四针绷缝缝纫机 | 4본 플래이트록 재봉기〔4ボン プルレイトゥロク チェボンギ〕 | 4-needle flat lock machine |
| リンキングマシーン | 缝合机 | 링킹 머신〔リンキン モシン〕 | linking machine |

| ◆ミシン送り機構 | 缝纫送布机 | 배봉기 피드 기구〔ペボンギ ピトゥ ギグ〕 | feed machine |

上ホイール送り	上轮式送布	상 휠 송출〔サン フォル ソンチュル〕	upper wheel feed
上ベルト送り	压脚送布	상 벨트 송출〔サン ベルトゥ ソンチュル〕	top belt feed
カップ送り	碗形送布	컵 송출〔コプ ソンチュル〕	cup feed
コンサート送り	交替送布	콘서트 송출〔コンソトゥ ソンチュル〕	concert feed
先引きプーラー送り	牵拉送布	풀러 송출〔プルロ ソンチュル〕	puller feed
プーラー送り	牵拉送布	풀러 송출〔プルロ ソンチュル〕	puller feed
差動送り	差动送布	차동 송출〔チャドン ソンチュル〕	differential feed
差動上下送り	上下差动送布	콘서트 상하 송출〔コンソトゥ サンハ ソンチュル〕	drop & variable feed
下送り	下送布	하 송출〔ハ ソンチュル〕	drop feed
下ホイール送り	下轮式送布	하휠 송출〔ハフォル ソンチュル〕	under wheel feed

[XIII] 縫製工場・生産関係用語　199

上下送り	上下同歩送布	상하 송출〔サンハ　ソンチュル〕	top & drop feed
上下ホイール送り	上下輪式送布	상하 휠 송출〔サンハ　フォル　ソンチュル〕	top & drop wheel feed
独立上下送り	牽拉送布	독립 상하 송출〔トンニプ　サンハ　ソンチュル〕	independent top & drop feed
八方送り	万向送布	유니버설 송출〔ユニボソル　ソンチュル〕	universal feed
針送り	复合送布	침 송출〔チム　ソンチュル〕	needle feed
ホイール送り	轮式送布	휠 송출〔フォル　ソンチュル〕	wheel feed
総合送り〔ユニソン送り〕	混合送布	종합 송출〔チョンハプ　ソンチュル〕	unison feed

◆ミシンパーツ	縫紉机部分	재봉기 기계부분〔チェボンギ　キゲブブン〕	machine parts

押さえ金	针板	누름대〔ヌルムデ〕, 누루발〔ヌルムバル〕	presser foot
交互押さえ（金）	交替圧针（板）	교차누름대〔キョチャヌルムデ〕	alternative presser

ミシン関係用語

油受け	油盘，盛油器	기름치기〔キルムチギ〕	oil sling
糸とりバネ	调整弹簧	실걸이 판〔シルゴリ パン〕	check spring
送り歯	推布牙齿	톱니〔トムニ〕, 피드〔ピドゥ〕	feed dog
カマ	锅，桃盘	북집〔ポクチプ〕	sewing hook
キャム	凸轮	캠〔ケム〕	cam
クランク	曲柄，曲轴	크랭크〔クレンク〕	crank
ゲージ	隔距，规	게이지〔ゲイジ〕	gauge
固定軸	柱螺栓，固定抽	고정축〔コジョンチュク〕	stud
軸の遊び	抽端余隙，抽向间隙	축의 여유〔チュゲ ヨユ〕	end-play
シャトル	梭子	셔틀〔ショトゥル〕, 북〔プク〕	shuttle
前後回転する軸	前后摇轴	전후 회전축〔チョヌ フェジョンチュク〕	rock shaft
天秤〔糸取上げ機〕	桃线凸轮	실채기〔シルチェギ〕	take-up
テンプレート	模板，样板	템프릿〔テムプリッ〕	templet
ミシン針	缝纫针	바늘〔パヌル〕	needles
針板	挺针板	바늘판〔パヌルパン〕	needle plate, throat plate
針落ち点	针尖	바늘 구멍〔パヌル グモン〕	needle point

[XIII] 縫製工場・生産関係用語

V型ベルト	V型帯	V벨트〔Vベルトゥ〕	V-belt
ブッシュ	抽瓦, 抽套	부싱〔ブシン〕	bushing
偏心カム	扁心凸轮	편심 캠〔ピョンシム ケム〕	eccentric
ボビン	筒管, 梭心	보빈〔ボビン〕	bobbin
面板	台板	면판〔ミョンパン〕	face plate
回し固定軸	铰链	회전 고정축〔フェジョン コジョンチュク〕	hinge pin
ミシン頭部	缝纫机头部	재봉틀 머리〔チェボントゥル モリ〕	machine head
リンク	连杆	링크〔リンク〕	link
ルーパー	套口机, 缝袜头机	루퍼〔ルポ〕, 밀실 걸개〔ミッシル コルゲ〕	looper
レバー	杆	레버〔レボ〕	lever
連結（ミシン機構）	联动	연결〔ヨンギョル〕(봉〔ポン〕)	connection

◆アタッチメント	附件, 附属装置	부속장치〔プソクジャンチ〕	attachment
定規	档边	스토퍼〔ストポ〕	welt guide

二つ巻具	双折边机	2번 접기 도구〔2ボン チョプキ ドグ〕	feller
三つ巻具	三折边机	3번 접기 도구〔3ボン チョプキ ドグ〕	hemmer
折り具	折边机	접기 도구〔チョプキ ドグ〕	folder
バインダー	包缝机	잡아주기 기구〔チャバジュギ キグ〕	binder
ピンタックリーダー	细绉机	주름잡기 도구〔チュルムチャプキ ドグ〕	pin tuck reader

◆縫製機器	缝纫机器	봉제 기기〔ポンジェ キギ〕	sewing equipment
マテハン装置	材料处理设备	재료 이동장치〔チェリョ イドン ジャンチ〕	materials handling equipment
延反装置	叠布设备	연단 장치〔ヨンダン ジャンチ〕	spreading equipment
ロボット延反機	自动叠布机	로봇 연단기〔ロボッ ヨンダンギ〕	robotics spreader
検反装置	验布设备	검사대〔コムサデ〕	fabric inspection equioment

裁断装置（手動）	手控裁剪设备	재단 장비〔チェダン ジャンビ〕(수동〔スドン〕)	cutting equipment (manual)
裁断装置（NC）	自动裁剪设备	재단 장비〔チェダン ジャンビ〕（NC）	cutting equipment (numerically control)
裁断台	裁剪台	재단대〔チェダンデ〕	cutting table
ナイフ	裁剪刀	나이프〔ナイプ〕, 재단칼〔チェダンカル〕	cutting knives
レーザー裁断機	激光裁剪设备	레이저 재단기〔レイジョ チェダンギ〕	laser pattern cutter
抜き刃裁断装置	冲压裁剪设备	찍어내기 장치〔チゴネギ ジャンチ〕	die-cutting equipment
厚重ねナイフ裁断機	厚叠裁剪机	여러겹 절단기〔ヨロギョプ チョルダンギ〕	high ply knife cutter
ウォータージェット	喷水皮革裁剪机	워터제트 피혁 재단기〔ウォトジェトゥ ピヒョク チェダンギ〕	water jet leather cutter
色合わせ検査装置	调整色光检验设备	이색 검사장치〔イセク コムサジャンチ〕	shading equipment
化学薬品洗浄装置	化学药品洗涤设备	화학약품 크리닝장치〔ファハクヤップム クリニンジャンチ〕	chemical cleaning equipment

工業洗濯装置	工业洗涤设备	공업용 세탁기〔コンオプヨン セタッキ〕	industrial laundry
湿式仕上げ装置	湿式整理设备	습식 가공〔スプシク カゴン〕	wet finishing
ボイラー	锅炉, 蒸煮器	보일러〔ボイルロ〕	boilers
ズボン上部プレス機	裤裆烫机	하의 허리 프레스기〔ハイ ホリ プレスギ〕	topper
ズボンプレス機	裤脚烫机	하의 프레스기〔ハイ プレスギ〕	legger
ダイカットプレス機	冲压裁剪机	프레스 재단기〔プレス チェダンギ〕	clicker press
接着プレス	粘合压烫机	접착 프레스〔チョプチャク プレス〕	fusing equipment
熱転写（アプリケ）装置	热转移印花设备	열전사〔ヨルジョンサ〕	heat transfer
コンベア	输送机, 传送带	컨베이어〔コンベイオ〕	conveyor
動力伝達装置	发送器, 传递器	동력 전달장치〔トンニョク チョンダルジャンチ〕	transmitter
キルティングマシーン	衍缝机, 纳缝机	설비 보전〔ソルビ ボジョン〕	quilting machine
ラベル印刷機	标签印刷机	라벨 프린팅기〔ラベル プリンティンギ〕	label printing equipment

[XIV] 工業生産管理用語（I/E）

工場管理	工厂管理	공장 관리〔コンジャン クァンリ〕	factory management
工業生産管理	工业生产管理	공업생산 관리〔コンオプセンサン クァンリ〕	industrial engineering
工場長	厂长	공장장〔コンジャンジャン〕	factory manager
工場基本方針	工厂基本方针	공장 기본방침〔コンジャン キボンパンチム〕	master plan of factory
基本生産計画	基本生产计划	기본 생산계획〔キボン センサンケフェク〕	master production schedule
工場予算	工厂予算	공장 예산〔コンジャン イェサン〕	factory budget
工場売上	工厂销售额	공장 매상〔コンジャン メサン〕	factory proceeds
工場利益	工厂利润	공장 이익〔コンジャン イイク〕	factory profits
損益分岐点	损益分歧点	손익 분기점〔ソニク ブンギジョム〕	break even point
自家生産	自厂生产	자가 생산〔チャガ センサン〕	in-house manufacturing
外注生産	托外加工	외주 생산〔ウェジュ センサン〕	subcontract

工場管理			
オーダーエントリー	进货	오더 엔트리〔オド エントゥリ〕	order entry
納期	交货期	납기〔ナプキ〕〔Del〕	delivery
純加工費	加工費	순 가공비〔スン カゴンビ〕	making cost
属工〔CMT〕	辅料及工費	CMT	cutting, making & trimming
原価管理	成本管理	원가 관리〔ウォンガ クァンリ〕	cost supervision
納期管理	交货期管理	납기 관리〔ナプキ クァンリ〕	delivery control
外注管理	外加工管理	외주 관리〔ウェジュ クァンリ〕	subcontract coordination
原料管理	原料管理	원자재 관리〔ウォンジャジェ クァンリ〕	material supervision
付属管理	辅料管理	부자재 관리〔プジャジェ クァンリ〕	trimming supervision
在庫管理	库存管理	재고 관리〔チェゴ クァンリ〕	inventory control
経費	費用	경비〔キョンビ〕	expense, overhead
間接経費	间接費用	간접 경비〔カンジョプ キョンビ〕	indirect expense
機械設備設置	所装机器设备	기계 설비 설치〔キゲ ソルビ ソルチ〕	machine installation
設備償却	折旧设备費	설비 상각〔ソルビ サンガク〕	depreciation
設備保全	保全设备	설비 보전〔ソルビ ポジョン〕	maintenance

設備更新	改善设备	설비 개선 〔ソルビ ケソン〕	replacement
労務管理	劳动管理	노무 관리 〔ノム クァンリ〕	labor control
生産管理	**生产管理**	**생산 관리 〔センサン クァンリ〕**	**production control**
縫製品製造	缝制品生产	봉제품 제조 〔ポンジェプム チェジョ〕	sewn products manufacturing
工場生産スケジュール	工厂生产日程	공장 생산 스케줄 〔コンジャン センサン スケジュル〕	factory production schedule
工場監督	工厂监督	공장 감독 〔コンジャン カムドク〕	shop supervision
班長	领班, 工长	반장 〔パンジャン〕	foreman, forewoman
工場設備配置	布置工厂设备	공장 설비 배치 〔コンジャン ソルビ ペチ〕	plant layout
生産計画	生产计划	생산계획 〔センサンケフェク〕	production planning
生産日程	生产日程	생산일정 〔センサンイルチョン〕	manufacturing schedule
生産投入	投入生产, 厂里进货	생산투입 〔センサントゥイプ〕	plant loading
進渉管理	监控, 监视	진행관리 〔チネンクァンリ〕	monitoring

生産管理

品質管理	质量控制, 质量管理	품질관리〔プムジルクァンリ〕	quality control
生産原価管理	生产成本管理	생산원가 관리〔センサンウォンガ クァンリ〕	product cost control
生産レイアウト	生产设计, 生产布置	생산 레이아웃〔センサン レイアウトゥ〕	production layout
生産密度	（当面积）生产密度	생산 밀도〔センサン ミルト〕	intensity of production
縫い作業	缝纫作业	봉제작업〔ポンジェチャゴプ〕	sewing operation
付加価値	附加价值	부가가치〔プガカチ〕	value added
大量生産	大量生产, 大批生产	대량생산〔テリャンセンサン〕	mass production
多品種小量生産	多种小量生产	다품종 소량생산〔タプムジョン ソリャンンサン〕	multi-items small lot
短サイクル	短周期	단사이클〔タンサイクル〕	short leading time
日産数量	日产量	1일생산〔１イルセンサン〕	daily output
月産数量	月产量	월간생산〔ウォルガンセンサン〕	monthly output
ピースレート	计件工资	피스 레이트〔ピス レイトゥ〕	piece rate
オートメーション	自动	자동화〔チャドンファ〕, 오토메이션〔オトメイション〕	automation

[XIV] 工業生産管理用語

流れ作業	流水作業	흐름작업〔フルムチャゴプ〕	flow line
丸縫い	一人一件完全縫制	원형박기〔ウニョンバッキ〕	make-through
準丸縫い	近乎一人完全縫	준 원형박기〔チュン ウォニョンバッキ〕	semi make-through
分業	分工	분업〔プノプ〕	division of labor
技能訓練所	作業訓棟所	기능 훈련소〔キヌン フンリョンソ〕	vestibute school
工場内技能訓練所	厂内作業訓棟所	공장내 기능훈련소〔コンジャンネ ギヌンフンリョンソ〕	shop school
工程	工程, 工芸	공정〔コンジョン〕	process
工程管理標準	工程控制標准	공정관리 표준〔コンジョンクァンリ ピョジュン〕	process control standard
工程表	工程表	공정표〔コンジョンピョ〕	process chart
工程フローチャート	工艺流程図	공정 흐름도〔コンジョン フルムド〕	process flow chart
工程検査	工程検査	공정검사〔コンジョンコムサ〕	process inspection
工程分析	分析工艺流程	공정분석〔コンジョンブンソク〕	process analysis
工程編成	流程構成	공정편성〔コンジョンピョンソン〕	process formation
編成効率	流成効率	편성효율〔ピョンソンヒョユル〕	efficiency of process formation

ロット	组，批，批量	로트〔ロトゥ〕	lot
ロット現状表示	生产进度表	로트현상표시〔ロトゥヒョンサンピョシ〕	progress chart
工程への投入	投进工艺流程	공정투입〔コンジョントゥイプ〕	dispatching
仕掛り品〔半製品〕	在制品〔半制品〕	작업량〔チャゴムニャン〕	work-in-process
作業研究	操作研究	작업연구〔チャゴプヨング〕	operation study
動作経済の原則	动作叠价原理	동작 경제원칙〔トンジャク キョンジェウォンチク〕	principle of motion economics
作業標準	作业标准	작업표준〔チャゴプピョジュン〕	work standard
動作研究	动作测定	동작연구〔トンジャクヨング〕	motion study
動作研究の分析	动作分析	동작 연구분석〔トンジャク ヨングブンソク〕	method study
動作経済	动作经济	동작경제〔トンジャクキョンジェ〕	motion economy
作業簡略化	作业单纯化	작업 단순화〔チャゴプ タンスナ〕	job simplification
作業訓練	作业训练	작업훈련〔チャゴプフンリョン〕	operator training
作業者と機械の差立て	人员配备	인원 배정〔イヌォン ペジョン〕	manning table
作業のランク付け	作业评价	작업 중요도 분류〔チャゴプ チュンヨド ブンリュ〕	job evaluation

[XIV] 工業生産管理用語

作業の応援	作業互相帮助	작업지원〔チャゴプチウォン〕	carrying
能率	效率	능률〔ヌンリュル〕	efficiency
時間研究	工时測定	시간연구〔シガンヨング〕	time study
標準作業時間設定法	工时測定方法	표준 작업시간 설정법〔ピョジュン チャゴプシガン ソルチョンポプ〕	method time measuring
異常時間（時間研究での）	反常時間	이상시간〔イサンシガン〕	abnormal time, wild-value
最小時間	最短時間	최소시간〔チェソシガン〕	minimum time
正規時間	正常時間	정규시간〔チョンギュシガン〕	normal time
標準時間	标准時間	표준시간〔ピョジュンシガン〕	S.A.H, standard allowed hour
平均時間	平均時間	평균시간〔ピョンギュンシガン〕	mean time, average element time
平均時間賃金	平均时间工资	평균시간 임금〔ピョンギュンシガン イムグム〕	average hourly earning
待ち時間	等待時間	대기시간〔テギシガン〕	waiting time
機械関心時間	有关机器時間	기계 주의시간〔キゲ チュイシガン〕	machine attention time

機械調整時間	机器控制时间	기계 조정시간〔キゲ チョジョンシガン〕	machine control time
機械サイクル時間	机器周期	기계 사이클시간〔キゲ サイクルシガン〕	machine cycle time
マシン停止賃金	机器停止时间费用	기계 정지비용〔キゲ チョンジピョン〕	machine downtime wage
経過時間	经过时间	경과시간〔キョングァシガン〕	elapsed time
準備時間	准备时间	준비시간〔チュンビシガン〕	preparatory time
余裕時間	充差时间	여유시간〔ヨユシガン〕	allowance time
連続時間測定法	连续工时测定方法	연속시간 측정법〔ヨンソクシガン チュクジョンポプ〕	perpetual inventory
測定	计测	측정〔チュクジョン〕	measurement
観測	观测, 观察	관측〔クァンチュク〕	observation
観測者	观测人, 观察人	관측자〔クァンチュクチャ〕	observer
観測板	观测板	관측판〔クァンチュクパン〕	observation board
管理図	控制图	관리도〔クァンリド〕	control chart
壁掛け図表	吊墙图	벽보〔ピョクポ〕	wall diagram

[XIV] 工業生産管理用語

コンピューター管理	电脑管理	컴퓨터 관리〔コムピュト クァンリ〕	computer control
監視カメラ	监视照相机	감시 카메라〔カムシカメラ〕	monitoring camera
縫製システム	**缝制系统，生产系统**	**봉제 시스템〔ポンジェ システム〕**	**production systems**
ラインシステム	流水系统	라인 시스템〔ライン システム〕	line system
直線システム	流水作业线	직선 시스템〔チクソン システム〕	straight line system
グループライン	组合作业线	그룹라인〔グルプライン〕	group line
混合システム	复合系统	혼합시스템〔ホナプシステム〕	combination system
バンドルシステム	集束作业线	번들시스템〔ボンドゥルシステム〕	progressive bundle unit
小人数のバンドルシステム	小组集束作业线	소단위 시스템〔ソダニ システム〕	unit system
準進歩バンドルシステム	开进集束作业线	반자동 번들시스템〔パンチャドン ボンドゥルシステム〕	semi-progressive bunidle system
進歩バンドルシステム	级进级束作业线	진척 번들시스템〔チンチョク ボンドゥルシステム〕	progressive bundle system

214 縫製システム

コンベアーラインシステム	传送带流水作业线	컨베이어라인 시스템〔コンベイオライン システム〕	conveyor line system
シンクロシステム	缝纫流水作业线	싱크론 시스템〔シンクロン システム〕	synchron line system
インターフローシステム	互流水作业线	인터플로 시스템〔イントプルロ システム〕	inter flow system
ユニット生産システム	单元生产系统	단위생산 시스템〔タニセンサン システム〕	unite product system
モジュール生産システム	标准生产系统	모듈생산 시스템〔モドゥルセンサン システム〕	module manufacturing
TSS〔トヨタ方式〕	丰田式缝制管理系统	TSS	toyota sewing management system
QRS	快速控制系统	QRS	quick response sewing system
自動縫製システム	自动缝制系统	자동봉제 시스템〔チャドンポンジェ システム〕	automatic sewing system
アパレル CIM	电脑总合成衣生产	CIM	apparel computer integrated manufacturing

[XIV] 工業生産管理用語

アパレル　CAD	电脑辅助服装设计	CAD	apparel computer aided-design
アパレル　CAM	电脑辅助服装生产	CAM	apparel computer aided manufacturing
アパレル　CAP	电脑辅助服装计划	CAP	apparel computer aided planning
賃　金	**工　资**	**임금〔イムグム〕**	**wage**
賃金レート	工资等级	임금등급〔イムグムドゥングプ〕	wage rate
賃金手当て	奖金，额外工资	임금수당〔イムグムスダン〕	premium wages
賃金幅	工资幅度	임금폭〔イムグムポク〕	spread of wage
正規時間の賃金水準	标准时间工资水准	정규시간 임금수준〔チョンギュシガン　イムグムスジュン〕	base wage rate
平均時間賃金	计平均时间工资	평균시간 임금〔ピョンギュンシガン　イムグム〕	average hourly earning
最低賃金	最底工资	최저임금〔チェジョイムグム〕	minimum wage
時間給	计时工资	시간급〔シガンクプ〕	time rate

ピースレート	计件工资	피스 레이트〔ピス レイトゥ〕	piece rate
残業手当て	加班费	잔업 수당〔チャノプ スダン〕	over time premium
休日支払賃金	假日工资	휴일 지급임금〔ヒュイル チグプイムグム〕	holiday & vacation premium
標準外手当て	规定外奖金	표준 외 수당〔ピョジュン ウェ スダン〕	off-standard premium
報償金	奖金	상여금〔サンヨグム〕, 보너스〔ボノス〕	bonus
年功加給	工龄加工资	연공가급〔ヨンゴンカグプ〕	seniority increase
刺激給	使兴奋奖金	자극임금〔チャグクイムグム〕	wage incentive
暫定レート	临时工资	잠정 레이트〔チャムジョン レイトゥ〕	temporary rate
退職手当て	退休金, 退职津贴	퇴직 수당〔テジク スダン〕	severance bonus
関連用語	**有关用语**	**관련용어〔クァンリョンヨンオ〕**	**relative word**
安全	安全	안전〔アンジョン〕	safety
台車	运输小车	운송차〔ウンソンチャ〕	bogie

運搬	运输	운반〔ウンバン〕	freight in
プッシュ	押, 推行	누르다〔ヌルダ〕, 푸시〔プッシ〕	push
プル	拉	당기다〔タンギダ〕, 풀〔プル〕	pull
バラツキ	分散, 误差	분산〔プンサン〕	disorderly
追い込み	加速	가속〔カソク〕	expedite
可避的遅延	可避免的延期	고의적 지연〔コウィジョク チヨン〕	avoidable delay
不可避な遅延	不可避免的延期	불가피한 지연〔プルガピハン チヨン〕	unavoidable delay
色合わせ切符	色泽标签	색상구분 전표〔センサンクブン チョンピョ〕	pin ticket
裁断切符	裁剪标签	재단전표〔チェダンチョンピョ〕	cutting ticket
切符付け	订商标	넘버링〔ノムボリン〕	pin ticketing
ワーク切符	作业标签	워크티켓〔ウォクティケッ〕	work ticket
材料費	原料费	재료비〔チェリョビ〕	material cost
先入れ・先出し	先进, 先出	선입〔ソニプ〕, 선출〔ソンチュル〕	first-in, first-out
組立	装配, 安装	조립〔チョリプ〕	assemble

原因 — 結果表	因果图	원인-결과표〔ウォニン-キョルグァピョ〕	cause-effect table
効果	成果	효과〔ヒョグァ〕	effort
仕様	规格	규격〔キュギョク〕	specification
仕様実現度	规格实现度	규격 이행도〔キュギョク イヘンド〕, 작업계획〔チャゴプケフェク〕	conformance quality
成功	成功	성공〔ソンゴン〕	success
整理・整頓	整顿	정리〔チョンリ〕, 정돈〔チョンドン〕	arrangement, in-order
清掃・清潔	清扫, 清洁	청소〔チョンソ〕, 청결〔チョンギョル〕	cleaning
疲労	疲劳	피로〔ピロ〕	fatigue
品質保証	保证品质	품질보증〔プムジルポジュン〕	quality assurance
余裕	耐疲劳时间	여유〔ヨユ〕	fatigue allowance
優先順位	优先顺序	우선순위〔ウソンスニ〕	priority
要素	要素	요소〔ヨソ〕	element
変動要素	变动要素	변동요소〔ピョンドンヨソ〕	variable element
要求	要求	요구〔ヨグ〕	requisition
抜き取り検査	抽样检查	발췌검사〔パルチェコムサ〕	sampling inspection

[XV] 海外出張用語

出張関連用語	出差	출장〔チュルチャン〕	business trip
スケジュール	日程	일정표〔イルジョンピョ〕,스케줄〔スケジュル〕)	schedule
パスポート	护照	여권〔ヨクォン〕	passport
ビザ	签证	비자〔ビジャ〕	visa
ツーリストビザ	单次签证, 观光签证	방문비자〔パンムンビジャ〕	visitor visa
業務ビザ	商务签证	상용비자〔サンヨンビジャ〕	commercial visa
マルチビザ	多次签证	복수비자〔ポクスビジャ〕	multiple visa
招聘状	邀请信	초청장〔チョチョンチャン〕	invitation letter
写真	照片	사진〔サジン〕	photograph
サイン〔署名〕	签名	사인〔サイン〕,서명〔ソミョン〕	sign
大使館	大使馆	대사관〔テサグァン〕	embassy
領事館	领事馆	영사관〔ヨンサグァン〕	consulate
旅行代理店	旅行社	여행사〔ヨヘンサ〕	travel agent

出張関連用語

エアライン	航空公司, 班机	항공사〔ハンゴンサ〕, 에어라인〔エオライン〕	air line
航空券	机票	항공권〔ハンゴンクォン〕	air ticket
ファーストクラス	头等客舱（F）	퍼스트 클래스〔ポストゥ クルレス〕	first class
ビジネスクラス	商务客舱（C）	비지니스 클래스〔ビジニス クルレス〕	business class
エコノミークラス	经济客舱（Y）	이코노미 클래스〔イコノミ クルレス〕	economy class
予約〔ブッキング〕	预约, 预定座位	예약〔イェヤク〕	booking
リコンファーム〔再確認〕	座位再确认（机票）	재확인〔チェファギン〕	reconfirm
乗り継ぎ	换机	연결편〔ヨンギョルピョン〕	connecting flight
飛行機	飞机	비행기〔ピヘンギ〕	airplane
空港	机场	공항〔コンハン〕	airport
国際線	国际航空	국제선〔ククチェソン〕	international
チェックイン	登记	체크인〔チェクイン〕	check in
荷物	行李	수하물〔スハムル〕	baggage
手荷物（機内持込）	手提行李	수하물〔スハムル〕	carry on baggage
空港使用料	机场服务费	공항사용료〔コンハンサヨンニョ〕	airport charge

[XV] 海外出張用語

出国カード	出境登記卡	출국카드〔チュルグクカドゥ〕	embarkation card
入国カード	入境登記卡	입국카드〔イプククカドゥ〕	arrival card
出入国審査	入(出)境审查	출입국 심사〔チュリプクク シムサ〕	immigration
セキュリティーチェック	安全检查	안전검사〔アンジョンコムサ〕	security check
検疫	检疫	검역〔コミョク〕	quarantine
健康申告書	旅客健康申报卡	건강 신고서〔コンガン シンゴソ〕	health declaration
税関	海关	세관〔セグァン〕	custom
免税	免税	면세〔ミョンセ〕	tax exemption
課税	课税	과세〔クァセ〕	taxation
インボイス	商業送貨单	인보이스〔インボイス〕	invoice
銀行	银行	은행〔ウネン〕	bank
両替所	外汇兑换处	환전소〔ファンジョンソ〕	exchange
現金〔キャッシュ〕	现金	현금〔ヒョングム〕	cash
トラベラーズチェック	旅行支票	여행자수표〔ヨヘンジャスピョ〕	traveler's check
クレジットカード	信用卡	크레디트 카드〔クレディトゥ カドゥ〕	credit card

コピー	复印，复写	카피〔コピ〕, 복사〔ポクサ〕	copy
名刺	名片	명함〔ミョンハム〕, 명찰〔ミョンチャル〕, 네임카드〔ネイムカドゥ〕	name card
汽車〔電車〕	火车，电车	기차〔キチャ〕, 전차〔チョンチャ〕	train
バス	公共汽车	버스〔ボス〕	bus
地下鉄	地铁	지하철〔チハチョル〕	subway, tube
リムジンバス	机场直达大客车	리무진 버스〔リムジン ボス〕	limousine bus
タクシー	出汽车，计程车	택시〔テクシ〕	taxi
インフォメーション	问讯处	안내〔アンネ〕	information
ホテル	饭店，宾馆	호텔〔ホテル〕	hotel
フロント	服务台	프런트〔プロントゥ〕	front desk, reception
ロビー	大厅	로비〔ロビ〕	lobby
ルーム	房间	객실〔ケクシル〕, 룸〔ルム〕	room
シングルルーム	单人房间	싱글룸〔シングルルム〕	single room
ツインルーム	双人房间	트윈룸〔トゥウィンルム〕	twin room
電話	电话	전화〔チョナ〕	telephone

国際電話	国际电话	국제전화〔ククチェチョナ〕	international call, overseas call
携帯電話	携带电话, 手机	휴대전화〔フュデチョナ〕	handy phone
エレベーター	电梯	엘리베이터〔エルリベイト〕	elevator, lift
エスカレーター	自动梯	에스컬레이터〔エスコルレイト〕	escalator
トイレット	洗手间, 厕所	화장실〔ファジャンシル〕	toilet, rest room
ファックス	传真	팩시밀리〔ペクシミルリ〕, 팩스〔ペクス〕	facsimile, fax
テレックス	电传	텔렉스〔テルレクス〕	telex
コピー	复本, 复写	카피〔カピ〕, 복제〔ポクチェ〕	copy
スキャナー	扫描	스캐너〔スケノ〕	scanner
Eメール	E信, 电子信	E메일〔Eメイル〕	E-mail
メッセージ	留言, 传话	메시지〔メシジ〕	message
モーニングコール	叫醒服务	모닝콜〔モニンコル〕	morning call
テレビ	电视	텔레비젼〔テレビジョン〕, TV	TV
迎え	迎接	영접〔ヨンジョプ〕, 픽업〔ピクオプ〕	pick up
郵便局	邮局	우체국〔ウチェグク〕	post office

手紙	信封	편지〔ピョンジ〕	letter
はがき	信片	엽서〔ヨプソ〕	post card
切手	邮票	우표〔ウピョ〕	stamp
航空便	航空信	항공우편〔ハンゴンウピョン〕	air mail
ＤＨＬ	国际快递	ＤＨＬ	DHL
時差	时差	시차〔シチャ〕	time difference
市内地図	市内地图	시내지도〔シネチド〕	city map
新聞	报纸	신문〔シンムン〕	news paper
入口	入口	입구〔イプク〕	entrance
出口	出口	출구〔チュルグ〕	exit
非常口	太平门，紧急出口	비상구〔ピサング〕	emergency exit
お早うございます	早上好，早安	안녕하십니까〔アンニョンハシムニッカ〕(아침인사)	good morning
こんにちわ	你好，您好	안녕하십니까〔アンニョンハシムニッカ〕(오후인사)	good afternoon, how do you do
こんばんわ	晩上好，晩安	안녕하십니까〔アンニョンハシムニッカ〕(저녁인사)	good evening

ありがとう	谢谢	감사합니다〔カムサハムニダ〕	thank you
すみません	对不起	실례합니다〔シルレハムニダ〕	excuse me, I am sorry
お疲れさま	辛苦了	수고하셨습니다〔スゴハショッスムニダ〕	(be) very tired
さようなら	再见	안녕히 가십시오〔アンニョンヒ カシプシオ〕안녕히 계십시오〔アンニョンヒゲシプシオ〕, 또 만납시다〔トマンナプシダ〕	good-bye, see you again
良い	好	좋다〔チョッタ〕	good
良くない〔悪い〕	不好	안좋다〔アンジョッタ〕, 나쁘다〔ナップダ〕	no good
高い	贵	비싸다〔ピッサダ〕	expensive
安い	便宜, 不贵	싸다〔サダ〕, 비싸지 않다〔ピッサジアンタ〕	cheep, not expensive
丸い	圆	둥글게〔トゥングルゲ〕, 원형의〔ウォンヒョンエ〕	round
四角い	方型, 四角型	사각형(의)〔サガッキョン(エ)〕	square
送って下さい	请送一下	보내 주십시오〔ポネ ジュシプシオ〕	please send

おりかえし	马上	금방 〔クムバン〕	by return
大至急	尽快	긴급히 〔キングッピ〕	as soon as possible
貸して下さい	请借我	빌려 주십시오. 〔ピルリョ ジュシプシオ〕	please borrow me
見せて下さい	请给我看	보여 주십시오. 〔ポヨ ジュシプシオ〕	please show me
年末年始の休暇	年底年初的休假	연말・연초 휴가 〔ヨンマル・ヨンチョ ヒュガ〕	schedule about new year holiday
中国正月休暇	春节假日期间	구정휴가 〔クジョンヒュガ〕	schedule for Chinese new year
いつ	什么时候	언제 〔オンジェ〕	when
何処で	在哪儿里	어디서 〔オディソ〕	where
誰が	谁	누가 〔ヌガ〕	who
～のために	为了	을(를) 위하여 〔ウル(ルル) ウィハヨ〕	for
何を	什么	무엇을 〔ムオスル〕	what
～をした	做了	했다 〔ヘッタ〕	do, did

付　録

加工指図書（ニット用）
縫製指図書（布帛用）
簡単なＦＡＸ例文

228 加工指図書

工場名	様	ニット仕様書		平成 年 月 日 会社				
発注番号		1．サンプル 2．展示会サンプル 3．量産 4．追加		サイズ				
品番		納期（上がり日） 平成 年 月 日		身丈				
元番		デザイン説明		身巾				
品名				肩巾(直線)				
原料				肩下がり				
				衿巾				
網み組織				天巾(外天)				
ゲージ				前衿下がり				
目付				後衿下がり				
				袖丈				
				桁丈(NC〜)				
				アームホール				
付属				袖巾				
裏地				袖丈				
インベル				袖口巾				
ボタン				袖口リブ巾				
				裾リブ巾				
肩パッド		注意事項		裾リブ丈				
伸び止めテープ				ウエスト(W)				
ファスナー				ヒップ (H)				
その他				ボトム丈（ベルト下）				
				股上				
				股下				
				裾巾				

附　錄　229

工厂名	公司		针织品加工规格书			年　　月　　日				公司
订单号码		1 样品　2 展示会样品　3 大量生产　4 追加				尺寸表				
品号		交货期		年　月　日		身长				
原号		设计图说明				身宽				
品种						肩宽 (直线)				
原料 (纱种)						肩斜宽				
						领宽 (领高)				
针织组织						后宽 (领高)				
针数　密度						前领深				
纱重						后领深				
						袖长				
						总袖长 (NP~)				
						袖根				
铺料・副料						袖宽				
里布						袖长				
松紧腰带						袖口宽				
钮扣						袖口罗纹宽				
						袖口罗纹长				
垫肩		注意事项				下摆罗纹宽				
嵌条						下摆罗纹长				
拉链						腰围 (W)				
其它						臀围 (H)				
						裤长 (腰带下)				
						裤裆深				
						裤下长				
						下摆宽				

230 加工指図書

공장명		편성작업 지시서		년 월 일	회사명			
발주번호		1 샘플 2 전시회샘플 3 대량생산 4 추가		사이즈				
품질번호		납기 년 월 일		길이				
오리지널		디자인설명		폭				
품명				어깨폭 (직선)				
원료(실)				어깨(np~sp)				
				깃폭				
편조직				넥 뒷기장				
게이지				넥 앞기장				
날짜				넥벤드 높이				
				소매길이				
				소매기장(NC~)				
				암홀				
부속				소매폭				
안감				소매길이				
인사이드벨				커프스폭				
버튼				커프스폭				
				밑단폭				
어깨패드		주의사항		밑단길이				
스테이테이				웨이스트사이즈(W)				
파스너				힙사이즈(H)				
기타				보텀길이				
				솔기				
				안솔기길이				
				단폭				

附　録　231

Factory		Work sheet for knitting					Date		Company name			
Oder No		1 Sample	2 Salesman sample	3 Bulk	4 Add		Size					
Garment No		Delivery date					Garment length					
Original No		Desgin sketch					Bust width					
Item							Shoulder width					
Material (yarn type)							Shoulder (np-sp)					
							Collar width					
Sturcture							Back neck width					
Gauge							Front neck depth					
Weight							Back neck depth					
							Sleeve length					
							Neck to Sleeve					
							Arm hole					
Findings							Sleeve width					
Lining							Cuf width					
Inside belt							Cuf rib length					
Button							Cuf rib width					
							Hem width					
Shoulder pad		Attention					Waist rib width					
Stay tape							Waist (W)					
Fastener							Hip (H)					
Other												
							Bottom length (under W-belt)					
							Rise					
							Inside length					
							Bottom width					

232 縫製指図書

工場名	様	縫製指図書		平成 年 月 日 会社				
発注番号		1．サンプル　2．展示会サンプル　3．量産　4．追加		サイズ				
品番		納期（上がり日）　平成　年　月　日		着丈				
元番		デザイン説明		胸囲(B)				
品名				ｳｴｽﾄ(W)				
素材				ヒップ(H)				
素材				肩巾(直線)				
品質				背丈				
素材				衿巾				
品質				アームホール				
付属				袖丈				
裏地				桁丈(BC〜)				
インベル				袖巾				
肩パッド				袖口巾				
ファスナー				カフス巾				
ボタン				裾まわり				
				ボトム丈				
ボタン穴	眠り・ハトメ	注意事項		ベルト下				
その他				股上				
				股下				
				裾巾(ﾎﾞﾄﾑ)				
裁断指図				パターン枚数				
柄合わせ	有・無			表地用				
毛並み	有・無・並・逆			裏地用				
差し込み	可・不可			芯地用				

附　　録　233

工厂名	公司	缝制规格单			年　　月　　日				公司
订单号码		1 样品　2 展示会样品　3 大量生产　4 追加			尺寸表				
品号		交货期　　　　　年　　月　　日			身长				
原号		设计图说明			胸围（B）				
品种					腰围（W）				
布料・面料					臀围（H）				
原料（1）									
品质									
原料（2）					肩宽（直线）				
品质					后腰节高				
铺料・副料					领宽（领角）				
里布					袖根				
腰带					袖长				
垫肩					总袖长（NP~）				
拉链					袖宽				
钮扣					袖口宽				
扣孔	平眼・凤眼	注意事项			袖头宽				
其它					下摆宽				
					裤长（腰带下）				
					裤裆深				
					裤下长				
					下摆宽（裤・裙）				
裁剪规格					纸板片数				
花样对花	要・不要				面料纸板				
布纹方向	要・不要・顺・反				里布纸板				
交差排板	可・不可				衬布纸板				

縫製指図書

공장명			봉제지시서			년 월 일 회사명				
발주번호		1 샘플 2 전시회샘플 3 대량생산 4 추가				사이즈				
품질번호		납기 년 월 일				길이				
오리지널 번호		디자인설명				가슴둘레(B)				
품명						웨스트사이즈(W)				
소재						힙사이즈(H)				
소재(1)						어깨폭(직선)				
품질						뒤길이				
소재(2)						깃폭				
품질						암홀				
부속						소매길이				
안감						소매기장(EC~)				
인사이드벨트						소매폭				
어깨패드						커프스폭				
파스너						커프스폭				
단추						단폭				
						보텀길이				
단추구멍	일자형·끝원형	주의사항								
기타						솔기				
						안솔기길이				
						단폭(보텀)				
제단지시						패턴 장수				
패턴매칭	유,무					걸감용				
정방향	유,무 정방향, 역방향					안감용				
마킹	가,불가					심지용				

附　　録　235

Factory					Specication				Date		Company name			
Oder No		1　Sample		2　Salesman sample		3　Bulk　4　Add			Size					
Garment No		Delivery date							Garment length					
Original No		Desgin sketch							Bust(B)					
Item									Waist(W)					
Material									Hip(H)					
Material (1)									Shoulder width					
Composition									High body length					
Material (2)									Collar width					
Composition									Arm hole length					
Findings									Sleeve length					
Lining									Neck to Sleeve					
Inside belt									Sleeve width					
Shoulder pad									Cuf width					
Fastener									Cuf length					
Button									Hem width					
Button hole	plain・eyelet	Attention							Bottom length (under W-belt)					
other									Rise					
									Inside length					
									Bottom width					
Cutting instruction									Quantity of patern parts					
Patern mat	need・no need								Face fabric					
Fabric wale	regular・reverse								Lining					
Intersect	Ok・No								Interlining					

簡単なFAX例文

アパレル業界でも、日常の業務連絡は国内外を問わず、FAX（ファクシミリ）で行われるようになっている。
FAXの形式は、会社や個人によって、さまざまな書き方があるが、最も簡単な形式と例文を、日・中・韓・英の対訳にしてある。

ＦＡＸ送信

送信先：　　　　　　　　　　　　　送信元：

会社／工場：　　　　　　　　　　　会社／工場

氏名：　　　　　　　　　　　　　　氏名：

　　　　　　　　　　　　　　　　　送信日：

送信枚数：本紙を含めて　　　枚

件名

毎度お世話になり、ありがとうございます。
上記の件、よろしくお願いします。

メッセージ

传真联系 （FAX联系）

收信人：　　　　　　　　　　　　发信人：

公司／工厂：　　　　　　　　　　公司：

姓名：　　　　　　　　　　　　　姓名：

　　　　　　　　　　　　　　　　发信日：

发信数量　（包括这扁，共　　　张）

```
┌─────────────────────────────────────────────────────┐
│     文件名：                                         │
└─────────────────────────────────────────────────────┘
```

总事给您添麻烦，谢谢。　以上之事，拜托。

留话：

FAX송신

수신: 발신:

회사/공장: 회사/공장:

수신자: 발신자:

송신 날짜

송신 매수:이 용지를 포함해서   장

제목

위와 같은 내용으로 팩스를 보내드리겠사오니 잘 부탁드리겠습니다.

내용:

FAX   COMMUNICATION

TO: FROM:

Company / Firm   Company name

ATTN: Mr.   Name

                                                    Date

Number of pages including this one:

Subject:

Please follow the case details as below:

MESSAGE:

FAXの簡単な例文

下記の例文中、（　）内には、本文中の単語集の中から、必要な言葉を探して、入れ替えて使用する。

1. ご通知、連絡　　　联系, 通知　　　　연락, 통지　　　　INFORMATION

◆(次期出張の日程）をお知らせします。
（下次出差的日期）通知如下。
（다음 출장 일정）을 알려 드립니다.
We will inform you of (schedule for next our trip).

◆(当社の年末・年始の休暇を）をお知らせします。
（弊公司年底, 年初的休假日）通知如下。
（당사의 연말,연시 휴기 일정）을 알려드립니다.
We will inform you of (schedule for our New Year holidays).

◆貴社の（中国のお正月休暇）をお知らせ下さい。
请告诉我 贵公司的（春节假日期间）。
귀사의 (구정연휴 일정)을 알려 주십시오.
Please inform us the holiday schedule for Chinese new year.

◆(その件)については(明日)、(こちらから)連絡します。
　关于(那件事)(明天)由(这里)给您答复。
　(그건)에 관해서는 (내일)(저희 쪽에서) 연락드리겠습니다.
　(We) will inform you regarding (this issue) (tomorrow).

◆(製品No＊＊＊)について(納期)をお知らせ下さい。
　关于(产品No＊＊＊),请告诉我 (交期)。
　(제품 번호＊＊＊)에 관하여 (납기)를 알려 주십시오.
　Please inform us (the bulk delivery date) for (style No. ＊＊＊).

◆(製品No＊＊＊)の(検品可能時期)をお知らせ下さい。
　关于(产品No＊＊＊)何时能(验货),请告之。
　(제품번호＊＊＊)의 (검품 가능시기)를 알려 주십시오.
　Please inform us (the inspection schedule) for (product No. ＊＊＊).

◆貴社の(カタログ)を(エアーメール)で送って下さい。
　请把贵公司的(目录)用(航空信)寄来。
　귀사의 (카탈로그)를 (에어메일, 항공편)으로 보내주십시오.
　Please send us (a catalog) of your company by (air)

◆この度（9月5日）、（商談）のため、貴工場を訪問します。
　这次的（9月5日）为了（洽谈）要到 贵公司访问。
　오는 (9월5일) (상담)을 위하여 귀공장을 방문하겠습니다.
　I will visit your company on (September 9th) to (discuss business).

◆結果が出次第、ご連絡します。
　等结果出来后，再联系。
　결과가 나오는 대로 연락드리겠습니다.
　We will notify you our decision as soon as possible.

◆ご都合をお知らせ下さい。
　请您告知我 方便的时间。
　현재 상황을 알려주십시오.
　Please let me know what time would be convenient for you.

2. 確認　　確认　　확인　　CONFIRMATION

◆(納期) の確認をして下さい。
请 确认（交货期）。
(납기)의 확인을 해주십시오.
Please confirm (the delivery date for the bulk goods).

◆(パターン枚数) の確認をしてください。
请 确认 （纸板的张数）。
(패턴 장수)의 확인을 해주십시오.
Please confirm (the number of pieces of the paper   pattern)

◆(＊＊工場) で (手刺繍) が出来るか確認して下さい。
请 确认 能否在 （＊＊＊工厂） （手绣）。
(＊＊공장)에서 (손자수)가 가능한지 확인해 주십시오.
Please confirm if it is possible for the (hand embroidery) to be done in　（＊＊Factory）.

◆(その件)についてはこちらで確認します。(確認済みです)
关于(那件事)由这里　确认。(确认完毕)
(그건)에 관해서는 저희 쪽에서 확인하겠습니다.(확인 완료했습니다.)
We will confirm　(this point) on our side. (already confirmed)

◆(商談)の予定を(5月3日)から(5月7日)に変更していただけませんか。
可否把原案的(5月3日)的洽谈日期更改到(5月7日)。
(상담)의 예정을 (5월3일)에서 (5월7일)로 변경해주시지 않겠습니까?
Would it be possible for us to change the date of our business meeting from (May 3) to (May 7)?

◆(可・否)の確認はまだしていません。
(可・否)还没确认。
(가능・불가능)의 확인은 아직 하지 않았습니다.
We have not yet confirmed (a response).

◆入荷数量とインボイスの数量が一致しません。
进货数量和送货单数量不一样。
입하수량과 인보이스, 송장의 수량이 일치하지 않습니다.
The number of goods delivered does not match the quantity on the invoice.

◆（＊＊日）付けのインボイスに対する支払がまだありません。
　指对（＊＊日）的出货单所定的款额 目前还没付清。
　(＊＊일)자의 인보이스, 송장에 관한 지불이 되지 않았습니다.
　We have not yet received the payment for our　invoice dated（＊＊＊）.

◆至急、ご送金下さるようお願いします。
　请尽快付清款项。
　신속히 송금해 주시기 바랍니다.
　Please send the payment as soon as possible.

3. 送付　　　　　发送　　　　　송부　　　　　DELIVERY, SENDING

◆(参考見本)は（9月6日）に（EMS）にて送付しました。
　(参考样品) 已于（9月6日）用（EMS）寄出了。
　(참고 견본)은 (9월6일)에 (EMS)로 송부하였습니다.
　(Reference sample) was sent by (EMS) on (September 6th).

◆(付属類)は(1月10日)に(航空便)で送ります。
(辅料)将于(1月10日)用(空运)发出。
(부속류)는 (1월10일)에 항공편으로 보내드리겠습니다.(보낼 예정입니다.)
(Accessories) will send to you by (air) on (January 10th).

◆(先上げサンプル)を送って下さい。
请将(大货先期样品)寄来。
(먼저 제작된 샘플)을 보내 주십시오.
Please send us the (p.p. sample).

◆本日、サンプルを受け取りました。
今天收到了样品。
오늘 샘플을 받았습니다.
Received samples today.

◆(製品No＊＊＊)の(見積書)を大至急送って下さい。
(产品No＊＊＊)的(报价单)请尽快寄来。
(제품번호No＊＊＊)의 (견적서)를 긴급히 보내주십시오.
Please send us (the written estimate) for (Product No. ＊＊＊) as soon as possible.

| 4. 手配 | 安排，准备 | 수배, 준비 | ARRANGE |

◆(原料・付属) の手配が終わりました。
(原料・辅料) 已准备 好了。
(원료・부속)의 준비가 끝났습니다.
We have already finished arranging for (the raw material/ accessories).

◆荷物が多いので (車) の手配をお願いします。
因货物很多，请备 (车)。
화물이 많으므로 (차)의 준비를 부탁드립니다.
As I have a lot of luggage, please arrange (a car) for me.

◆そちらに便利な (ホテル) を手配して下さい。
依贵方之便，请安排 (饭店)。
귀사에서 가깝고 편리한 (호텔)을 준비해 주십시오.
Please arrange a (hotel) near your company for us.

5. 依頼　　　　委托　　　　의뢰　　　　REQUEST

◆至急、原料の（L／C）のオープンをお願いします。
请尽快开原料的（L／C）。
긴급히 원료의 (L／C)의 개설을 부탁드립니다.
Please open the (L/C) for raw materials as soon as possible.

◆本日、（サンプル）を受け取りました。
今天收到了（样品）。
오늘 샘플을 받았습니다.
Received (samples) today.

◆(FAX No.＊＊)が判読不能です。再度送信して下さい。
(Fax No. ＊＊)看不清楚，请再发一次。
(FAX No. ＊＊)이 판독 불가능합니다. 다시 보내주시기 바랍니다.
Please resend (Fax No. ＊＊) as it was illegible.

◆(カシミアの得意な工場) を探して下さい。
　请找一下（擅长做羊绒的工厂）。
　(개시미어를 전문적으로 잘 하는 공장)을 찾아 주십시오.
　Please search for a　good factory that makes fine　(good quality cashmere　sweaters).

◆(デニム関係) の素材見本を集めて下さい。
　请收集有关（牛仔布）的面料样品。
　(데님 관계)의 소개 견본을 모아 주십시오.
　Please source (denims...etc.) materials and collect swatches /samples .

◆(＊＊さん) に (ハンドキャリー) を頼んで下さい。
　请麻烦（＊＊先生）替我们 随身携带。
　(＊＊씨)에게 핸드개리를 부탁해 주십시오.
　Please ask Mr. (＊＊) to (hand carry) this item to us.

◆不良品の (付属) を調査のため、弊社までご返送下さい。
　为了调查，请退回弊公司的不良（辅料）。
　불량품의 (부속)을 조사하고자 합니다. 저희 회사로 보내주시기 바랍니다.
　Please send back the damaged (accessory) to us for examination.

6. 返事　　　　　答复　　　　　회신, 회답　　　　　REPLY

◆(＊＊の件)について、(出来るだけ早く)お返事下さい。
关于（＊＊事）请尽给我快答复。
(＊＊의 건)에 관하여, (가능한한 빨리) 회신 부탁드립니다.
Please respond regarding　(＊＊)(as soon as possible).

◆(＊＊の件)について、(責任者)と確認が取れ次第、すぐ(結果)をお返事します。
关于（＊＊事）和（负责人）取得确认后，立即答复。
(＊＊의 건)에 관해서는 (책임자)와 확인을 한 후 즉시 (결과)를 회신해 드리겠습니다.
As soon as we are able to confirm (the result) with (＊＊), we will inform you at once.

7. 断り　　　　　谢绝　　　　　거절　　　　　REFUSE, DECLINE

◆申し訳ありませんが、(御社のご要望)にはお応えしかねます。
对不起，很难接受 贵公司的要求。
죄송합니다만, (귀사의 요망)에 응하지 못함을 알려드립니다.
Sorry,　we regret we would not be able to fulfill　(your request).

◆(縫製不良) のため返品します。
由于（缝制不良），请允许我退货。
(봉제불량)으로 인하여 반품합니다.
We would like to return the goods as they are (not finished as per our request).

◆今後このようなことが起こらないように注意して下さい。
以后，请不要有类似情况发生。
앞으로 이와같은 일이 생기지 않도록 주의해 주십시오.
Please take care that you do not make the same.

索引 (50音順)

あ

アーガイル ················ 138, 177
アースカラー ················ 127
アーバン ···················· 121
アーミールック ·············· 122
アームホール ············ 35, 102
ＩＳＯ ························ 16
合標 ···················· 107, 111
合い標しきざみ ·············· 115
Ｉ/Ｄ ························ 19
アイテム ·················· 3, 158
あいびき ···················· 183
アイレット ·················· 139
アイレット編 (機) ·········· 174
アイロン当たり ·········· 93, 157
アイロン焼け ················ 88
アウトソーシング ············ 16
アウトレット ················ 12
赤 ·························· 130
明るい ······················ 128
空羽 ························ 54
明き見せ不良 ················ 90
悪臭 ························ 85
アクションプリーツ ·········· 80
アクセサリー ················ 148
アクセス ···················· 16
アクセプタンス ·············· 18
アクセントカラー ············ 127
アクリル ···················· 31
アクリル・コーティング ······ 50
アクリルヤーン ·············· 142
アコーディオンプリーツスカート 63
アコーディオンポケット ······ 78
麻 ······················ 31, 143
麻マーク ···················· 29
足ぐり ······················ 172
アスコットタイ ·············· 73
アスベストヤーン ············ 45
アスリートウェアー ·········· 122
あぜ編み ···················· 136
アセテート ·················· 31
アソートパッキング ·········· 21
アソートメント ·············· 7
アダルト ···················· 120
厚い (過ぎる) ··············· 155
厚重ねナイフ裁断機 ·········· 203
圧縮加工 ···················· 46
アップリケ ·············· 140, 183
アップリケ不良 ·············· 94
厚み ························ 105
当て縫い ···················· 183
後加工 ······················ 5
後染め ·················· 41, 135
穴開き ······················ 156
穴かがり ···················· 183
アニマル柄 ·················· 55
アノラック・ヤッケ ·········· 70

アパレル ＣＡＰ ･････････ 215	編み立て設計図 ･･････････ 159	有り型 ････････････････ 43
アパレル ＣＡＤ ･････････ 215	編み立て不良 ･･････････ 151	ありがとう ･････････････ 225
アパレル ＣＡＭ ･････････ 215	編みむら ･･････････････ 152	アルスターカラー ･･･････ 72
アパレル ＣＩＭ ･････････ 214	編み目記号 ････････････ 159	アルパカ ･･････････････ 142
アパレルデザイナー ･･････ 117	編み目調節 ････････････ 160	アレルギー対応繊維 ･････ 45
アパレルデザイン ･･･････ 116	編み目まがり ･･････････ 152	合わせ縫い ････････････ 184
アパレル・メーカー ･･････ 1	編み物芯 ･････････････ 148	合わせ撚り ････････････ 134
油受け ･･･････････････ 200	アメカジ ･････････････ 122	アンゴラ ･･････････････ 142
油汚れ ･････････････ 84, 156	アメニティ ･････････････ 16	アンコンジャケット ･･････ 66
あふり止め ････････････ 183	アメリカ合衆国 ･･･････････ 23	アンサンブル ･･･････････ 64
アポイント ･･････････････ 2	アメリカ ドル ･･･････････ 23	安全 ･･･････････････････ 216
雨蓋ポケット ･･･････････ 77	アメリカンスリーブ ･･････ 76	アンティークゴールド ･････ 131
編みコード ････････････ 159	綾織り ･･･････････････ 41	アンテナ・ショップ ･････ 13
編み下がり寸法 ･･････ 154, 160	洗い ･･････････････ 47, 160	アントレプレナー ･･･････ 17
編み地 ････････････ 4, 136	粗い（過ぎる） ････････ 154	**い**
編み地斜行 ････････････ 152	洗い上げ羊毛 ･･････････ 158	イージーケアー ･･････････ 47
編み地見本 ･････････････ 8	洗い過ぎ ･････････････ 157	イージーパンツ ････････ 68
編み組織 ･････････････ 159	洗い不良 ･････････････ 157	Ｅ/Ｄ ･･･････････････ 19
編み丈 ･･･････････････ 160	アラベスク ･････････････ 54	Ｅメール ････････････ 2, 223
編み出し ･････････････ 160	アラミド繊維 ･･････････ 46	イエロー ･･････････････ 129
編み出し不良 ･･････････ 152	粗利益 ････････････････ 9	イギリス ･･････････････ 24
編み立て ･････････････ 160	アラン ニット ･････････ 150	イギリス ポンド ････････ 24

索　引

異形断面糸 ･･････････････ 45
異形中空糸 ･･････････････ 45
異常時間（時間研究での） ･････ 211
いせ量 ･･････････････････ 184
いせる ･･････････････ 107, 110, 184
移染 ･･･････････････････ 84
委託加工 ････････････････ 8
委託加工貿易 ････････････ 22
イタリア共和国 ･･････････ 24
イタリア リラ ･･･････････ 24
一枚仕立て ･･････････････ 105
一枚袖 ･････････････････ 74
一枚断ち ････････････････ 114
いつ ･･･････････････････ 226
イッテコイ ･･････････････ 76
一方方向 ････････････････ 101
一本押さえ縫い ･･････････ 184
糸工程 ･････････････････ 158
糸質が悪い ･･････････････ 151
糸始末不良 ･･････････････ 153
糸種 ･･････････････････ 4, 133
糸重量 ･････････････････ 134

糸染め ･････････････ 135, 158
糸取上げ機 ･･････････････ 200
糸とりバネ ･･････････････ 200
糸番手 ･･･････････ 4, 39, 133
糸本数 ･････････････････ 134
糸むら ･････････････････ 151
糸量 ･･････････････････ 134
糸ループ ････････････････ 184
糸ロス込み重量 ･･････････ 134
イベント ･･･････････････ 16
イミテーションファー ･･････ 57
イメージパターン ･････････ 97
イラスト ･･･････････････ 118
イラストレーター ･････････ 118
入口 ･･････････････････ 224
イレギュラーサイズ ･･････ 34
色 ････････････････････ 135
色褪せ ･････････････ 85, 128
色合わせ切符 ･･･････････ 217
色合わせ検査装置 ･･･････ 203
色糸飛び込み ･･･････････ 156
色落ち ･････････････････ 152

色がきつすぎる ･･･････････ 128
色が泣いている ･･･････････ 128
色がボケている ･･･････････ 127
色違い ･････････････････ 152
色泣き ･････････････ 85, 152
色なれ ･････････････････ 7
色にじみ ･･･････････････ 85
色ピッチ ･･･････････････ 43
色別裁断 ･･･････････････ 114
色むら ･････････････ 85, 152
インサイドベルト（ゴム） ･･･ 147
インサイドポケット ･･･････ 78
イン・ショップ ･･･････････ 13
インストラクター ･････････ 16
インスピレーション ･･･････ 124
インターシャー ･･･････････ 138
インターネット・ショッピング ･･ 13
インターフローシステム ･･･ 214
インターロックミシン ･･････ 195
インチ ･････････････････ 33
インチ間縫い目 ･･････････ 184
インチメート ････････････ 123

インディーズ ・・・・・・・・・・・・・ 123	ウエスト ・・・・・・・・・・・・・・・・・ 37	薄い（過ぎる） ・・・・・・・・・・・ 155
インディゴブルー ・・・・・・・・・ 131	ウエストゴム丈 ・・・・・・・・・・・ 37	打ち合わせ ・・・・・・・・・・・・・・・ 79
インテグラルニット ・・・・・・・ 139	ウエストゴム付け不良 ・・・・・ 91	打ち合わせ衿 ・・・・・・・・・・・・・ 71
インド ・・・・・・・・・・・・・・・・・・・・ 26	ウエストゴム幅 ・・・・・・・・・・・ 37	打ち込み本数（縦） ・・・・・・・ 39
インドネシア共和国 ・・・・・・・・ 26	ウエストニッパー ・・・・・・・・ 165	打ち込み本数（横） ・・・・・・・ 39
インドネシア ルピア ・・・・・・ 26	ウエストベルト付け不良 ・・・ 91	内袖 ・・・・・・・・・・・・・・・・・ 75, 103
インド ルピー ・・・・・・・・・・・・ 26	ウエストライン ・・・・・・・・・・ 101	内天幅 ・・・・・・・・・・・・・・・ 36, 102
インナー・ファッション ・・・ 123	ウェットスーツ ・・・・・・・・・・・ 70	内ポケット ・・・・・・・・・・・・・・・ 78
インフォメーション ・・・・・・・ 222	上ベルト送り ・・・・・・・・・・・・ 198	羽毛 ・・・・・・・・・・・・・・・・・・・・・ 57
インフラ ・・・・・・・・・・・・・・・・・・ 15	上ホイール送り ・・・・・・・・・・ 198	裏穴ボタン ・・・・・・・・・・・・・・ 145
インベル幅 ・・・・・・・・・・・・・・・・ 37	上身頃 ・・・・・・・・・・・・・・・・・・ 101	裏糸結び不良 ・・・・・・・・・・・・ 153
インボイス ・・・・・・・・・・・ 19, 221	ウォータージェット ・・・・・・ 203	裏皮 ・・・・・・・・・・・・・・・・・・・・・ 58
インポーター ・・・・・・・・・・・・・・ 13	ウォータースポット ・・・・・・・ 84	裏毛 ・・・・・・・・・・・・・・・・・・・・・ 57
インポートブランド ・・・・・・・・ 14	ウォッシャブルヤーン ・・・・ 143	裏地 ・・・・・・・・・・・・ 58, 148, 180
う	ウォッチポケット ・・・・・・・・・ 78	裏地色不適合 ・・・・・・・・・・・・・ 92
ウイングカフス ・・・・・・・・・・・ 76	ウォン ・・・・・・・・・・・・・・・・・・・ 25	裏地, 芯地裁断 ・・・・・・・・・・ 114
ウインドブレーカー ・・・・・・・ 69	後アームホール ・・・・・・・・・・・ 35	裏地のふき出し ・・・・・・・・・・・ 92
ウール ・・・・・・・・・・・・・・・ 31, 141	後衿下がり ・・・・・・・・・・・・・・・ 36	裏地ゆるみ不足 ・・・・・・・・・・・ 92
ウールトップ ・・・・・・・ 135, 141	後丈 ・・・・・・・・・・・・・・・・・・・・・ 34	裏地用パターン ・・・・・・・・・・・ 98
ウールブレンドマーク ・・・・・ 29	後中心線 ・・・・・・・・・・・・・・・・ 101	裏付け不良 ・・・・・・・・・・・・・・・ 92
ウールマーク ・・・・・・・・・・・・・ 29	後ポケット ・・・・・・・・・・・・・・・ 78	裏なし ・・・・・・・・・・・・・・・・・・ 106
上カップ ・・・・・・・・・・・・・・・・ 169	後身頃 ・・・・・・・・・・・・・・・・・・ 101	裏もみ玉ポケツト ・・・・・・・・・ 77

売上高 ………………… 5	エコノミークラス ………… 220	衿ぐり ………………… 102
売掛金 ………………… 5	エコ・ファッション ………… 123	衿ぐり成型不良 …………… 155
上衿 …………………… 73	エコ保全 ………………… 15	衿腰 …………………… 74
上衿幅 ………………… 36	エコ・マーク …………… 29	衿先 …………………… 74
上前 …………………… 79	エスカルゴスカート ……… 63	衿さし ………………… 184
上撚 …………………… 135	エスカレーター ………… 223	衿左右違い ……………… 88
運搬 …………………… 217	エスニック ……………… 121	衿左右不揃い …………… 155

え

	ＳＰＡ …………………… 12	衿付け線 ………………… 102
エアータンブラー ………… 49	Ｓ撚り …………………… 40	衿付け止り ……………… 102
エアーブラシ …………… 50	エターミン ……………… 53	衿付け不良 ……………… 88
エアライン ……………… 220	エッジコントロールミシン … 195	衿吊り …………………… 74
営業費 …………………… 9	エッジ線 ………………… 74	衿縫い不良 ……………… 88
英国 …………………… 24	Ｈ ……………………… 37	衿幅（後） ……………… 36
衛生加工 ………………… 47	エナメルクロス ………… 59	衿回り寸法不足 ………… 155
8カン ………………… 170	ＦＡＨ ………………… 35	衿渡り …………………… 74
ＡＳＮ ………………… 20	ＦＯＢ 価格 ……………… 5	Ｌ／Ｃ …………………… 18
Ａ・Ｃ ………………… 122	ＦＣ …………………… 13	エルボーパッチ ………… 79
エージェント …………… 1	エポレット ……………… 80	エレガント ……………… 121
Ａライン ……………… 122	ＭＤ ………………… 2, 118	エレベーター …………… 223
駅ビル ………………… 11	エメラルド ……………… 131	円 ………………… 23, 34
えくぼ ………………… 90	衿折り返し線 …………… 74	えんじ ………………… 130
エコ繊維 ………………… 45	衿きざみ ………………… 74	塩縮加工 ………………… 49

遠赤外線効果･･････････････ 45
塩素晒し（漂白） ･･････････ 48
円高 ･･････････････････････ 22
延反 ････････････ 113, 181, 184
延反装置･････････････････ 202
エンドユーザー････････････ 1
エンボス加工････････････ 48

お

追い込み･････････････････ 217
オイル・コーティング･･････ 50
オイルド セーター････････ 150
ＯＥＭ･････････････････････ 9
オーガニック・コットン･･･ 45
オーガンジー･･･････････････ 55
大きい（過ぎる）････････ 154
オーダー･･･････････････････ 2
オーダーエントリー････････ 206
オートメーション･･･････ 208
オーバーオール････････････ 70
オーバーコート････････････ 66
オーバーストア････････････ 17
オーバーダイ････････････ 50

オーバーチャージ････････ 22
オーバーニー･････････････ 176
オーバーブラウス･･････････ 61
オーバーロックミシン･･･ 195
オープンカラー････････････ 73
オールインワン･･････････ 165
置き寸･･･････････････････ 172
送って下さい････････････ 225
奥まつり････････････････ 184
送り状･･･････････････････ 19
送り歯･･･････････････････ 200
送り歯疵･････････････････ 96
押さえ金････････････････ 199
押さえミシン････････････ 184
汚水処理････････････････ 161
雄カン･･･････････････････ 170
オストリッチ･･･････････････ 60
汚染･･･････････････････････ 84
おち･･････････････････････ 105
お疲れさま･･････････････ 225
オックスフォード････････ 51
乙仲･･････････････････････ 20

落としミシン････････････ 184
オパール加工････････････ 49
お早うございます･･･････ 224
オファー････････････････ 18
オフショルダー・ブラ･･･ 163
オフタートル････････････ 72
オフネック･･･････････････ 71
オフプライス・ストア･･･ 13
オフホワイト････････････ 128
オペロン････････････････ 144
表穴ボタン･･････････････ 145
表衿弛み不足････････････ 88
表皮･･･････････････････････ 58
表生地･････････････････････ 57
表地裁断････････････････ 181
表地用パターン･･････････ 98
重り････････････････････ 100
折り････････････････････ 182
おりかえし（返事）･･･････ 226
折り返し（縫製）･･･････ 184
折返し（ズボン）･････････ 82
折り返りポケット････････ 78

| | | 索　引　261 |

織りキズ	83
折り具	202
折り線	107, 109
織組織	39
折り畳み	183
折り伏せ縫い	185
織りマス	43
織りムラ	83
折り目線ゆがみ	93
織物	39
織物生地	180
織物整理不良	83
織りロット	4
オレンジ	130
卸売業	12
オンブレ	127
オンブレー染め	50

か

カーキ	129
カーゴパンツ	68
ガーゼ	54
ガーターベルト	165
カーディガン	149
カーディガンネック	71
ガードル	164
カーブ尺	99
カーブ線	104
ガーメントレングス	133
海運仲買業者	20
外貨兌換券	25
外観不良	87
開襟シャツ	65
外為	18
外注	8
外注管理	206
外注生産	205
買い手	1
貝ボタン	145
カウチン セーター	150
カウンターオファー	18
返し縫い	185
価格	4
化学薬品洗浄装置	203
鏡	100

かがり縫い	185
鉤針	140
かぎホック	146
各色サンプル	6
学生服	67
格付け	20
確認（待ち）	10
確認サンプル	6
額縁縫い	185
学ラン	67
加工組立産業	8
加工指図書	6, 158, 179
重ね縫い	185
重ねはぎ	185
飾りステッチ不良	96
飾り縫い（ミシン）	185
飾りボタン	146
過酸化晒し（漂白）	48
家蚕糸	42
貸して下さい	226
カシミヤ	142
カシミヤタッチ	142

カシメ・・・・・147	カット ＆ ソー・・・・・139, 158	カフス幅・・・・・35
カジュアルウェアー・・・・・119	カット ＆ リンキング製品・・・・158	かぶり・・・・・85
カジュアルシャツ・・・・・67	カットジャカード・・・・・54	壁掛け図表・・・・・212
カシュクール・・・・・62	カットレングス・・・・・40	下辺ゴム・・・・・170
カセ・・・・・134	ＣＡＰ・・・・・215	カマ・・・・・200
課税・・・・・221	カップ・・・・・169	紙ラベル・・・・・172
かせ染め・・・・・41	カップ裏打ち布・・・・・169	ガミング・・・・・84
片あぜ・・・・・136	カップ送り・・・・・198	カラー・・・・・7, 125, 135
堅い・・・・・86	カップ渡り・・・・・169	カラー・アソート・・・・・7
型入れ・・・・・113, 181	カツラギ・・・・・51	カラー企画・・・・・117
肩ダーツ・・・・・103	家庭機・・・・・133	カラークロス・・・・・74
片倒し押さえミシン・・・・・185	家庭用洗濯機・・・・・161	カラースワッチ・・・・・125
片玉ポケット・・・・・77	角取り・・・・・185	カラートレンド・・・・・117
肩パッド付け不良・・・・・156	角縫い・・・・・185	カラーハーモニー・・・・・124
片袋編み・・・・・137	カナダ・・・・・24	カラーフォーマル・・・・・64
カタログ販売・・・・・12	カナダ ドル・・・・・24	カラーリスト・・・・・118
カチオン染め・・・・・43	金枠・・・・・162	柄編み図案・・・・・159
価値感（高級感）がない・・・・・151	かのこ編み・・・・・136	柄合わせ・・・・・114
カッターウェイ・・・・・80	カバー掛け・・・・・183	柄合わせ不良・・・・・93
カッターシャツ・・・・・65	可避的遅延・・・・・217	柄位置・・・・・105
カッティングライン・・・・・114	カフス・・・・・76	からし・・・・・129
カットアウト・・・・・82	カフス丈・・・・・35	柄ずれ・・・・・86

柄ピッチ······43	カントリーダメージ······22	汽車······222
柄不正······83	環縫い······185	機種······134
仮需要······14	かんぬき止め······185	技術指導······14
仮縫い······100, 185	かんぬき止め不良······91	基準線······104
カルゼ······53	かんぬき止めミシン······195	生地ロット······43
カルソンパンツ······68	管理図······212	きせ······186
革······58	顔料プリント······42	着丈······34
皮ジャン······69	**き**	きつい（過ぎる）······154
為替変動相場······18	生糸······42	切手······224
皮ボタン······145	機械関心時間······211	切符付け······181, 217
カンガルーポケット······78	機械サイクル時間······212	生成り······129
環境汚染······15	機械設備設置······206	絹······31, 42, 143
環境保全······15	機会損失······10	技能訓練所······209
韓国 ウォン······25	機械調整時間······212	生機······39
監視カメラ······213	機械まつり······186	基本色······125
間接経費······206	企画イメージマップ······117	基本生産計画······205
間接費······9	基幹店······12	起毛······57
乾燥······161	旗艦店······12	起毛整理······48
乾燥不良······157	生地······3	起毛不良······86
観測······212	生地組織······3, 39	逆目······87
観測者······212	生地幅······39	逆目方向······101
観測板······212	生地不良······83	ギャザー······104, 186

ギャザー印 ………………… 108, 111	キュロットスカート ………… 150	空港 ……………………… 220
ギャザースカート ……………… 62	胸囲 ………………………… 34	空港使用料 ……………… 220
ギャザースリーブ ……………… 75	共同仕入れ ………………… 13	空輸 ………………………… 19
ギャザー寄せ不良 ……………… 94	強度不足 …………………… 83	クォータ …………………… 22
キャシウール（商標）………… 142	強撚糸 ……………………… 41	クォータチャージ ……………… 22
キャッシュ ………………… 221	業務ビザ …………………… 219	くせとり …………………… 186
ＣＡＤ ……………………… 215	距離線 ……………… 108, 111	靴下 ………………………… 175
ギャバジン …………………… 52	着られない ………………… 151	くつずれ布 ………………… 82
キャミソール …………… 67, 165	切り替え …………………… 80	組み合わせパッキング ……… 21
ＣＡＭ ……………………… 215	切り替え柄 ………… 138, 178	組立 ……………………… 217
キャム ……………………… 200	切り替え線 ………………… 103	組立縫製工程 ……………… 182
キャメル …………………… 142	キルティング ……………… 58	暗い ……………………… 128
キャラクターブランド ……… 119	キルティングコート ………… 69	クラシック ………………… 120
キャリア …………………… 120	キルティング不良 …………… 94	グラスファイバー …………… 32
キャンセル ………………… 20	キルティングマシーン ……… 204	クラッシュ加工 ……………… 50
キャンバス ………………… 54	ギンガムチェック …………… 51	グラデーション …………… 127
ＱＲＳ ……………………… 214	銀行 ……………………… 221	クランク …………………… 200
牛革 ………………………… 59	金属糸 ……………………… 32	クリーム …………………… 129
休日支払賃金 ……………… 216	金属ファスナー …………… 146	グリーン …………………… 131
キュート …………………… 121	金属ボタン ………………… 145	グリッター ………………… 51
キュプラ …………………… 31	く	クリンプヤーン …………… 144
キュロット ………………… 63	クイックレスポンス ………… 14	クルーネック ……………… 71

グループライン……………213	クロバーカラー……………72	毛並み・ひだ方向………108, 112
くるみ縫い…………………186	**け**	毛抜き合わせ………………186
くるみボタン………………146	毛……………………31, 141	毛ば立ち……………………157
グレイッシュトーン………126	経過時間……………………212	けまわし（スカート裾幅）……37
グレー………………………129	蛍光白………………………128	ケミカルウォッシュ…………48
グレーディングパターン……98	経済特区………………………23	ケミカルレース…………55, 168
クレープ…………………53, 55	形状記憶加工…………………49	元………………………………25
クレープシャツ……………173	形状不良……………………151	原因–結果表………………218
クレーム………………17, 22	携帯電話……………………223	検疫…………………………221
クレーム処理…………………22	形態不良………………………87	原価管理……………………206
クレジットカード…………221	毛糸…………………………141	減価償却………………………10
クレリックカラー……………72	経費…………………………206	現金…………………………221
グレンチェック………………53	契約………………………2, 18	原型……………………………97
黒……………………………129	ゲージ……………4, 134, 200	健康申告書…………………221
グローバルスタンダード……15	ケースマーク…………………21	検査基準………………………20
グログランテープ…………148	ケープスリーブ………………76	原産地国表示…………………28
クロコダイル…………………60	ケーブル……………………137	原産地証明書…………………21
クロスステッチ……………186	毛混……………………………31	原糸……………………………39
黒蝶貝ボタン………………147	毛芯…………………………180	肩章……………………………80
クロッシェ…………………140	下代……………………………15	検反…………………………181
クロッチ……………………172	月産……………………………6	原反…………………………180
クロップドパンツ……………68	月産数量……………………208	検反装置……………………202

現地調達・・・・・・・・・・・・・・・・・・・ 3	工業洗濯装置・・・・・・・・・・・・・・・・ 204	光沢がない・・・・・・・・・・・・・ 86, 151
検品・・・・・・・・・・・・・・・・・・・ 10, 162	工業用パターン・・・・・・・・・・・ 98, 179	工程・・・・・・・・・・・・・・・・・・・・・・ 209
現物納期・・・・・・・・・・・・・・・・・・・ 3	航空券・・・・・・・・・・・・・・・・・・・・ 220	工程管理標準・・・・・・・・・・・・・・・ 209
絹紡糸・・・・・・・・・・・・・・・・・・・・ 42	航空便・・・・・・・・・・・・・・・・・・・・ 224	工程研究・・・・・・・・・・・・・・・・・・ 179
ケンボロ(ウエスト)・・・・・・・・・ 76	交互押さえ(金)・・・・・・・・・・・・ 199	工程検査・・・・・・・・・・・・・・・・・・ 209
ケンボロ(袖口)・・・・・・・・・・・・・ 76	交差(重ね)・・・・・・・・・ 108, 111	工程表・・・・・・・・・・・・・・・・・・・・ 209
原毛・・・・・・・・・・・・・・・・・・・・・ 158	格子・・・・・・・・・・・・・・・・・・・・・・ 41	工程フローチャート・・・・・・・・・ 209
原料・・・・・・・・・・・・・・・・・・・・・・・ 3	工場・・・・・・・・・・・・・・・・・・・・・・・ 1	工程分析・・・・・・・・・・・・・・・・・・ 209
原料(付属込み)・・・・・・・・・・・・・ 3	工場売上・・・・・・・・・・・・・・・・・・ 205	工程への投入・・・・・・・・・・・・・・ 210
原料(未加工)・・・・・・・・・・・・・・ 8	工場監督・・・・・・・・・・・・・・・・・・ 207	工程編成・・・・・・・・・・・・・・・・・・ 209
減量加工・・・・・・・・・・・・・・・・・・・ 48	工場基本方針・・・・・・・・・・・・・・ 205	合弁企業・・・・・・・・・・・・・・・・・・・ 15
原料管理・・・・・・・・・・・・・・・・・・ 206	工場サンプル・・・・・・・・・・・・・・・・ 6	ゴージ縫い・・・・・・・・・・・・・・・・ 186
原料製品化・・・・・・・・・・・・・・・・・ 9	工場生産スケジュール・・・・・・・ 207	コース・・・・・・・・・・・・・・・・・・・・ 159
原料持ち込み・・・・・・・・・・・・・・・ 3	工場設備配置・・・・・・・・・・・・・・ 207	コーディネート企画・・・・・・・・・ 118
こ	工場長・・・・・・・・・・・・・・・・・・・・ 205	コーディネート商品・・・・・・・・・・・ 7
コア・アイテム・・・・・・・・・・・・・ 14	工場内技能訓練所・・・・・・・・・・ 209	コーティング・・・・・・・・・・・・ 47, 48
コインポケット・・・・・・・・・・・・・ 78	公称番手・・・・・・・・・・・・・・・・・・・ 3	コーディング刺繍・・・・・・・・・・・ 186
効果・・・・・・・・・・・・・・・・・・・・・ 218	工場予算・・・・・・・・・・・・・・・・・・ 205	コーデュロイ・・・・・・・・・・・・・・・ 52
公害・・・・・・・・・・・・・・・・・・・・・・ 15	工場利益・・・・・・・・・・・・・・・・・・ 205	コート・・・・・・・・・・・・・・・・ 65, 150
郊外店・・・・・・・・・・・・・・・・・・・・ 12	交織・・・・・・・・・・・・・・・・・・・・・・ 40	コート丈・・・・・・・・・・・・・・・・・・・ 38
高感度・・・・・・・・・・・・・・・・・・・・ 124	合成繊維・・・・・・・・・・・・・・・・・・・ 40	コードパイピング・・・・・・・・・・・ 186
工業生産管理・・・・・・・・・・・・・・ 205	合成皮革・・・・・・・・・・・・・・・・・・・ 59	ゴールド・・・・・・・・・・・・・・・・・・ 131

索　引　267

コーン……………………… 134	小股……………………… 82	コンバーティブルカラー……… 71
小切手…………………………… 5	小股入れ不良………………… 91	こんばんわ……………………… 224
顧客満足度……………………… 16	小股縫い……………………… 186	コンピューター刺繍………… 140
国際線………………………… 220	コミッション………………… 21	コンピューター管理……… 16, 213
国際電話……………………… 223	コミュニケーション………… 11	コンピューター機…………… 139
国際標準化機構………………… 16	ゴムテープ…………………… 147	コンピューター グレーディング 98
国内需要……………………… 14	コメットテープ……………… 171	コンピュータージャカード…… 139
国内引き渡し日………………… 22	コレクション………………… 17	コンベア……………………… 204
こげ茶………………………… 129	殺す…………………………… 186	コンベアーラインシステム…… 214
コサージュ…………………… 148	紺……………………………… 131	コンペティション……………… 17
腰縫い………………………… 186	混合柄………………………… 177	梱包…………………………… 21
コストパフォーマンス……… 14	混合システム………………… 213	混紡糸……………………… 40, 141
コットンシャツ……………… 173	コンサート送り……………… 198	さ
固定軸………………………… 200	コンサバ・リッチ…………… 122	サーキュラースカート……… 63
小鋏み………………………… 100	コンサルタント……………… 17	サージ………………………… 52
コバステッチ………………… 186	コンシューマー………………… 1	サージング………………… 182, 187
コピー………………… 17, 222, 223	コンジュゲートヤーン……… 144	サージングミシン…………… 195
コピー商品…………………… 17	コンセプト…………………… 116	サーファールック…………… 122
コピーライター……………… 17	コンテナ……………………… 21	サープラス・ファッション…… 123
ゴブラン織り………………… 55	コントラストカラー………… 127	サーモンピンク……………… 130
コマ…………………………… 147	こんにちわ…………………… 224	再確認………………………… 220
細編み………………………… 140	コンバーター………………… 13	在庫…………………………… 9

項目	ページ
在庫管理	206
最終決定	11
最終検査	183
最終工程	10
最終仕上げ工程	182
最終製品	9
最小時間	211
サイズ	33
サイズ表	33, 159
サイズ表示	28
サイズ不良	87, 154
サイズ別裁断	114
裁断	113, 160
裁断機	114
裁断切符	217
裁断くず	181
裁断検査	115
裁断数量	113
裁断装置(NC)	203
裁断装置(手動)	203
裁断台	203
裁断パーツ	113
裁断ロス	114
最低賃金	215
彩度	125
サイドネックポイント	102
サイドパッド	165
サイドベンツ	80
サイドポケット	77
さい腹	80
再輸出	23
材料費	217
サイロスパン	55
サイン	219
逆毛	87
先入れ・先出し	217
先染め	41, 135
先縫い	186
先引きプーラー送り	198
作業簡略化	210
作業訓練	210
作業研究	210
作業者と機械の差立て	210
作業の応援	211
作業のランク付け	210
作業標準	210
さし	99
差し色	125
差し替え	115
差し込み	114
さし縫い	187
サスペンダー スカート	69
サスペンダー パンツ	69
サッカー	53
サックス	130
サテン	52, 168
サテンステッチ	187
サテンネット	168
差動送り	198
差動送り本縫いミシン	195
差動上下送り	198
サドルスリーブ	75
サファリジャケット	69
サファリポケット	78
サブコン	8
サプライ・チェーン	13

索　引

サポーター・ファッション……123	仕上げアイロン不良………157	シェットランド…………142
さようなら……………225	仕上げ不良………………93	地衿………………73
晒し白………………128	仕上げプレス………………187	シェルタック…………187
さらし戻り………………85	ＣＩＦ価格………………5	仕掛り品………………9, 210
さるまた………………173	Ｃ＆Ｆ価格………………5	四角い………………225
参観………………2	ＧＭＳ………………13	自家生産………………205
残業手当て………………216	ＣＭＴ………………5, 206	時間給………………215
参考用尺………………113	ジージャン………………69	時間研究………………211
三国間貿易………………23	シースルー………………54	色相………………125
残臭………………86	シーズン企画………………119	ジグザグ模様縫い…………187
三重縫い………………187	シーティング………………99	軸の遊び………………200
三段両面編（機）…………174	ジーパン………………68	刺激給………………216
暫定レート………………216	シープスキン………………59	時差………………224
サンドウォッシュ…………47	シーム………………187	視察………………2
サンプル………………6	シームパッカリング………96	刺繍………………139
サンプル依頼………………8	シームポケット………………78	刺繍位置………………105
サンプル確認………………8, 179	シームレスストッキング……175	刺繍不良………………93
サンプル縫製………………179	シームレス・ブラ…………163	刺繍レース………………55
し	地色（プリント）…………125	市場動向調査………………116
仕上がり線………………106, 109	ジーンズ………………68	市場分析………………116
仕上げ………………10	シェード………………126	ＪＩＳサイズ………………33
仕上げ　アイロン…………161, 182	ジェット………………129	自然乾燥………………162

業界用語

- 下請け工場 ・・・・・・・・・・・・・ 8
- 下送り ・・・・・・・・・・・・・・・・・ 198
- 下カップ ・・・・・・・・・・・・・・・ 169
- 下晒し ・・・・・・・・・・・・・・・・・ 48
- 下ホイール送り ・・・・・・・・・ 198
- 下前 ・・・・・・・・・・・・・・・・・・・ 79
- 下蒸し ・・・・・・・・・・・・・・・・・ 161
- 下撚 ・・・・・・・・・・・・・・・・・・・ 135
- シック ・・・・・・・・・・・・・・・・・ 121
- しつけ糸 ・・・・・・・・・・・・・・・ 101
- しつけ縫い ・・・・・・・・・・・・・ 187
- 実行用尺 ・・・・・・・・・・・・・・・ 113
- 漆黒 ・・・・・・・・・・・・・・・・・・・ 129
- 湿式仕上げ装置 ・・・・・・・・・ 204
- 実需用 ・・・・・・・・・・・・・・・・・ 14
- 実線 ・・・・・・・・・・・・・・ 106, 109
- 失透 ・・・・・・・・・・・・・・・・・・・ 85
- シッパー ・・・・・・・・・・・・・・・ 19
- ジップアップ ・・・・・・・・・・・ 80
- ジップアップジャケット ・・・・・・・ 69
- 自動機 ・・・・・・・・・・・・・・・・・ 139
- 自動玉縁作りミシン ・・・・・・・・・ 195
- 自動縫製システム ・・・・・・・・・ 214
- 市内地図 ・・・・・・・・・・・・・・・ 224
- 地直し ・・・・・・・・・・・・・・・・・ 181
- シニェールヤーン ・・・・・・・ 143
- 地縫い ・・・・・・・・・・・・・・・・・ 187
- 地縫い返し ・・・・・・・・・・・・・ 187
- 地縫い割り ・・・・・・・・・・・・・ 187
- 地の目不正 ・・・・・・・・・・・・・ 87
- 地の目方向 ・・・・・・・・・・・・・ 101
- 支払請求書 ・・・・・・・・・・・・・ 23
- 絞り染め ・・・・・・・・・・・・・・・ 43
- 縞 ・・・・・・・・・・・・・・・・・・・・・ 41
- しみ ・・・・・・・・・・・・・・・・・・・ 156
- 地味 ・・・・・・・・・・・・・・・・・・・ 128
- ＣＩＭ ・・・・・・・・・・・・・・・・・ 214
- 仕向港 ・・・・・・・・・・・・・・・・・ 21
- 霜降り ・・・・・・・・・・・・・・・・・ 55
- ジャージー ・・・・・・・・・ 56, 132
- シャーリング ・・・・・・・・・・・ 187
- ジャカード ・・・・・・・ 42, 54, 177
- 社会基盤 ・・・・・・・・・・・・・・・ 15
- シャギー ・・・・・・・・・・・・・・・ 54
- 弱撚糸 ・・・・・・・・・・・・・・・・・ 41
- ジャケット ・・・・・・・・・ 64, 149
- 斜行 ・・・・・・・・・・・・・・・・・・・ 83
- 写真 ・・・・・・・・・・・・・・・・・・・ 219
- 斜線 ・・・・・・・・・・・・・・・・・・・ 105
- シャツ ・・・・・・・・・・・・・・・・・ 65
- シャツカラー ・・・・・・・・・・・ 71
- シャツジャケット ・・・・・・・ 67
- シャツスリーブ ・・・・・・・・・ 75
- シャツブラウス ・・・・・・・・・ 61
- シャトル ・・・・・・・・・・・・・・・ 200
- シャネルスーツ ・・・・・・・・・ 64
- シャンタン ・・・・・・・・・・・・・ 53
- ジャンパー ・・・・・・・・・ 66, 150
- ジャンパースカート ・・・・・ 63
- ジャンプスーツ ・・・・・・・・・ 70
- シャンブレー ・・・・・・・・・・・ 55
- 朱赤 ・・・・・・・・・・・・・・・・・・・ 130
- 収益率 ・・・・・・・・・・・・・・・・・ 9
- 十字合わせ不良 ・・・・・・・・・ 91
- 収縮 ・・・・・・・・・・・・・・・・・・・ 157
- 収縮率 ・・・・・・・・・・・・・・・・・ 30

修正サンプル ………………… 6	定規 ………………………… 201	ショッピングセンター ………… 12
修正パターン ………………… 98	蒸気仕上げ ………………… 161	ショッピングモール …………… 12
柔軟加工 …………………… 47	上下送り …………………… 199	署名 ………………………… 219
柔軟工程 …………………… 161	上下ホイール送り …………… 199	ショルダーポイント ………… 102
獣毛 ………………………… 31	仕様実現度 ………………… 218	しりシック …………………… 82
縮尺定規 …………………… 100	商社 …………………………… 1	尻縫い ……………………… 187
縮絨 ………………………… 161	仕様書 ………………………… 6	シリンダー ………………… 175
縮絨加工 …………………… 47	上代 ………………………… 15	シルエット ………………… 97
手工業 ………………………… 4	商談 …………………………… 1	シルク ……………… 31, 42, 143
樹脂加工 …………………… 46	小人数のバンドルシステム …… 213	シルクポンジー ……………… 53
朱子織り …………………… 41	消費者 ………………………… 1	シルケット加工 ……………… 47
出国カード ………………… 221	商品回転率 …………………… 10	シルバー …………………… 120
出入国審査 ………………… 221	商品企画 …………………… 117	ジレ ………………………… 61
シュミーズ ………………… 166	商品種名 ……………………… 3	白 …………………………… 128
純加工費 …………………… 206	招聘状 ……………………… 219	白蝶貝ボタン ……………… 147
純色 ………………………… 127	省略印 ………………… 108, 111	仕分け ………………… 115, 181
準進歩バンドルシステム …… 213	ジョーゼット ………………… 52	シンカー柄 ………………… 177
準備時間 …………………… 212	ショーツ ……………… 165, 173	シンカー台丸機 …………… 174
準丸縫い …………………… 209	ショートコート ………… 65, 150	シンカーヒル ……………… 174
順目方向 …………………… 101	ショートパンツ ……………… 150	シンガポール共和国 ………… 25
純利益 ………………………… 9	ショールカラー ……………… 72	シンガポール ドル ………… 25
仕様 ………………………… 218	ショッキングピンク ………… 130	シングルカフス ……………… 76

シングルジャージー ・・・・・・・・・・・・ 56		すくい縫いミシン ・・・・・・・・・・・・ 196
シングルジャカード ・・・・・・・・・・ 138	**す**	スクェアーネック ・・・・・・・・・・・・・ 71
シングル幅 ・・・・・・・・・・・・・・・・・ 39	スイス フラン ・・・・・・・・・・・・・・ 24	スクリーンプリント ・・・・・・・・・・・ 42
シングルブレスト ・・・・・・・・・・・・・ 79	スイス連邦 ・・・・・・・・・・・・・・・・ 24	スケール ・・・・・・・・・・・・・・・・・・ 134
シングル丸編機 ・・・・・・・・・・・・・ 175	垂直線 ・・・・・・・・・・・・・・・・・・・ 105	スケジュール ・・・・・・・・・・・・ 2, 219
シングルルーム ・・・・・・・・・・・・・ 222	水道水 ・・・・・・・・・・・・・・・・・・・ 160	裾縫い ・・・・・・・・・・・・・・・・・・・ 188
シンクロシステム ・・・・・・・・・・・ 214	水平線 ・・・・・・・・・・・・・・・・・・・ 105	裾幅 ・・・・・・・・・・・・・・・・・・・・・ 36
新合繊 ・・・・・・・・・・・・・・・・・・・・ 55	スウィングトップ ・・・・・・・・・・・・ 69	裾引き（天地）・・・・・・・・・・・・・ 188
芯地 ・・・・・・・・・・・・・ 58, 149, 180	スーツ ・・・・・・・・・・・・・・・・ 64, 66	裾リブ丈 ・・・・・・・・・・・・・・・・・・ 36
伸縮性がない ・・・・・・・・・・・・・・ 153	スーパーウォッシュ ・・・・・・・・・・ 143	裾リブ幅 ・・・・・・・・・・・・・・・・・・ 36
伸縮縫い ・・・・・・・・・・・・・・・・・ 187	スーパージグザグ ・・・・・・・・・・・ 188	スタイリスト ・・・・・・・・・・ 118, 123
進渉管理 ・・・・・・・・・・・・・・・・・ 207	スエード ・・・・・・・・・・・・・・・・・・ 59	スタジャン ・・・・・・・・・・・・・・・・ 69
芯地用パターン ・・・・・・・・・・・・・ 98	スエード加工 ・・・・・・・・・・・・・・ 48	スタンダードカラー ・・・・・・・・・ 125
芯処理 ・・・・・・・・・・・・・・・・・・・ 182	スエードクロス ・・・・・・・・・・・・・ 52	スタンドカラー ・・・・・・・・・・・・・ 72
芯据え ・・・・・・・・・・・・・・・・・・・ 188	スカート ・・・・・・・・・・・・・・ 62, 149	ストレッチヤーン ・・・・・・・・・・・ 144
芯据え位置不良 ・・・・・・・・・・・・・ 88	スカート裏 ・・・・・・・・・・・・・・・ 106	ステッチ糸 ・・・・・・・・・・・・・・・ 188
芯据え不良 ・・・・・・・・・・・・・・・・ 90	スカート裾幅 ・・・・・・・・・・・・・・ 37	ステッチカム ・・・・・・・・・・・・・・ 175
浸染 ・・・・・・・・・・・・・・・・・・・・・ 43	スカート丈 ・・・・・・・・・・・・・・・・ 37	ステッチ印 ・・・・・・・・・・・ 107, 110
伸張力 ・・・・・・・・・・・・・・・・・・・・ 30	スカーフ ・・・・・・・・・・・・・・・・・ 148	ステッチ幅 ・・・・・・・・・・・・・・・ 105
シンプル ・・・・・・・・・・・・・・・・・ 121	スカラップ縫い ・・・・・・・・・・・・ 188	すててこ ・・・・・・・・・・・・・・・・・ 173
新聞 ・・・・・・・・・・・・・・・・・・・・ 224	スキッパー ・・・・・・・・・・・・・・・・ 72	捨てミシン ・・・・・・・・・・・・・・・ 188
進歩バンドルシステム ・・・・・・・・ 213	スキャナー ・・・・・・・・・・・・・・・ 223	ストアブランド ・・・・・・・・・・・・・・ 9
	すくい縫い不良 ・・・・・・・・・・・・・ 92	

索 引 273

ストール······················148
ストーンウォッシュ············47
ストッキング··················175
ストッパー····················147
ストライプ····················41
ストラップ················82, 169
ストラップドレス··············64
ストラップレス・ブラ··········163
ストリート・ファッション······123
ストレートパンツ··············66
ストレッチ素材················45
ストレッチパンツ··············68
ストレッチレース··············167
ストロングトーン··············126
スナール······················84
スナップ（ホック）············146
スパイラル柄··················177
スパッツ······················176
スパンコール··················148
スパンデックス糸··············148
スパンレーヨン················54
スピンドル····················147

スプーン······················88
スプレープリント··············44
スペアーボタン················146
スペアーボタン忘れ············92
スペイン······················24
スペースダイヤーン············144
スペースルック················122
スペシャリスト················14
スペック染め··················50
スポーツウェアー··············120
スポーティ····················121
ズボン························66
ズボン腰裏····················82
ズボン上部プレス機············204
スポンジング··············113, 181
ズボンプレス機················204
すみ黒························129
すみません····················225
スムース················56, 139, 167
スモーキートーン··············126
スモッキング··················188
スラグ························84

スラッシュ····················80
スラッシュポケット············78
スラブ························84
スリーピース··················64
スリーマー····················165
スリット······················80
スリップ··················84, 166
スリップドレス················64
スレーキ··················58, 82
ズロース······················165
スローパー····················97
スワッチ······················8

せ

税関······················22, 221
正規時間······················211
正規時間の賃金水準············215
成型製品······················157
成型肌着······················173
成功··························218
生産期間······················6
生産計画······················207
生産原価管理··················208

生産コスト	5	
生産スペース	6	
生産投入	207	
生産日程	207	
生産密度	208	
生産レイアウト	208	
製図台	99	
清掃・清潔	218	
制電加工	46	
製品サイズ（出来上がり）	34	
製品仕入れ	8	
製品染め	135, 158	
整理後サイズ	162	
整理後寸法	154	
整理・整頓	218	
整理不良	86	
セーター	149	
セーラーカラー	73	
背肩幅	34	
セカンドライン	123	
セキュリティーチェック	221	
接着強力不足	90	
接着剤のにじみ出し	90	
接着芯	58, 180	
接着プレス	204	
セットインスリーブ	75	
Zカン	170	
Z撚り	41	
せっぱ	81	
せっぱかがり	188	
せっぱ付け忘れ	92	
設備更新	207	
設備償却	206	
設備投資	15	
設備保全	206	
背抜き	106	
背幅	34	
背広	66	
ゼブラ	60	
せまい（過ぎる）	154	
全開ファスナー	146	
前後回転する軸	200	
染色堅牢度	29	
染色堅牢度グレード	29	
センターベンツ	80	
洗濯絵表示（取り扱い）	28	
洗濯堅牢度	30	
洗濯表示	28	
センチメーター	33	
専門店	11	
専用ライン	8	
染料プリント	42	

そ

総裏	106
送金	18
総合送り	199
双糸	134
総丈	38
総針	137
属工	4, 206
測定	212
そく縫い	188
素材企画	117
ソックス	175
袖後振り（逃げ）	89
袖口明きみせ	76

索　引　275

袖口タブ･････････････････ 76
袖口幅･････････････････ 35
袖口不良･････････････････ 89
袖口リブ丈･････････････････ 35
袖口リブ幅･････････････････ 35
袖丈 ･････････････････ 34
袖付けいせ込み不良･･･････････ 89
袖付け線･････････････････ 102
袖付け不良･････････････････ 155
袖付け不良（座りが悪い）･････ 89
袖付けポスト型ミシン･･･････ 196
袖縫い･････････････････ 188
袖の座り･････････････････ 103
袖の振り･････････････････ 103
袖幅 ･････････････････ 35
袖前振り（進み）･････････････ 89
袖山･････････････････ 103
袖山高さ･････････････････ 35
外袖 ･････････････････ 74, 103
外天幅･････････････････ 36, 102
ソフィスティケイテッド･････ 121
ソフト･････････････････ 121
ソフトスーツ･････････････ 64
ソフトトーン･････････････ 126
染めボタン･････････････ 145
染めむら･････････････････ 152
染めロット･････････････ 4, 44
梳毛糸･････････････････ 141
損益分岐点･････････････ 10, 205

た

ダークグリーン･･･････････ 131
ダース･････････････････ 6
タータンチェック･････････ 52
ダーツ･････････････････ 79, 103
ダーツ移動･････････････ 103
ダーツえくぼ･････････････ 90
ダーツ印･････････････ 107, 111
ダーツ縫い･････････････ 189
ダーツの逃がし方･････････ 104
ダイアル･････････････････ 175
台衿･････････････････ 73
台衿幅･････････････････ 36
タイ王国･････････････････ 26
ダイカットプレス機･････････ 204
タイカラー･････････････ 72
耐汗堅牢度･････････････ 29
大韓民国･････････････････ 25
体形･････････････････ 97
体形表示･････････････････ 28
耐光堅牢度･････････････ 29
大使館･････････････････ 219
大至急･････････････････ 226
台車･････････････････ 216
退職手当て･････････････ 216
耐水加工･････････････････ 46
耐洗（色）堅牢度･････････ 30
タイダイ･････････････････ 50
タイツ･････････････････ 150, 176
帯電防止加工･････････････ 46
タイトスカート･････････ 62, 149
タイバーツ･････････････ 26
代理店契約･････････････ 20
大量生産･････････････････ 208
ダイレクト・マーケティング･･･ 12
台湾･････････････････ 25
台湾　元･････････････････ 25

ダウン・・・・・・・・・・・・・・・・・・・ 57	タック柄・・・・・・・・・・・・・・・・・ 177	ダブルジャージー・・・・・・・・・・・・・ 56
ダウンジャケット・・・・・・・・・・・・・ 69	タック代・・・・・・・・・・・・・ 107, 110	ダブルジャカード・・・・・・・・・・・・ 138
ダウンプルーフ・・・・・・・・・・・・・・ 57	タックスフリー・・・・・・・・・・・・・・ 23	ダブル幅・・・・・・・・・・・・・・・・・・ 40
高い・・・・・・・・・・・・・・・・・・・ 225	タックドスリーブ・・・・・・・・・・・・・ 75	ダブルフェース・・・・・・・・・・・・・・ 49
タキシード・・・・・・・・・・・・・・・・・ 67	タック縫い・・・・・・・・・・・・・・・・ 189	ダブルブレスト・・・・・・・・・・・・・・ 79
抱きじわ・・・・・・・・・・・・・・・・・ 90	脱水機・・・・・・・・・・・・・・・・・・ 161	W前内釦かけ・・・・・・・・・・・・・・・ 82
タグ・・・・・・・・・・・・・・・・・・・・ 28	ダッフルコート・・・・・・・・・・・・・・ 69	ダボ・パン・・・・・・・・・・・・・・・・ 68
タクシー・・・・・・・・・・・・・・・・・ 222	縦・・・・・・・・・・・・・・・・・・・・・ 33	玉縁縫い・・・・・・・・・・・・・・・・・ 189
濁色・・・・・・・・・・・・・・・・・・・ 127	経編み・・・・・・・・・・・・・ 132, 167	玉縁ポケット・・・・・・・・・・・・・・・ 77
タグ付け・・・・・・・・・・・・・・・・・ 183	縦糸・・・・・・・・・・・・・・・・・・・・ 39	ダミー・・・・・・・・・・・・・・・・・・・ 99
丈・・・・・・・・・・・・・・・・・・・・・ 33	たて刃・・・・・・・・・・・・・・・・・・ 115	試編・・・・・・・・・・・・・・・・・・・ 159
多衝程両面編（機）・・・・・・・・・ 174	タトウプリント・・・・・・・・・・・・・・ 44	ダルトーン・・・・・・・・・・・・・・・・ 126
たすきじわ・・・・・・・・・・・・・・・ 90	棚卸し・・・・・・・・・・・・・・・・・・・ 8	誰が・・・・・・・・・・・・・・・・・・・ 226
ダスターコート・・・・・・・・・・・・・・ 66	谷袖・・・・・・・・・・・・・・・・・・・・ 75	垂れ分・・・・・・・・・・・・・・・・・・ 105
裁ち切り線・・・・・・・・・・・・ 107, 109	足袋・・・・・・・・・・・・・・・・・・・ 176	団塊世代・・・・・・・・・・・・・・・・ 120
裁ち揃え・・・・・・・・・・・・・・・・・ 115	多品種小量生産・・・・・・・・・・・・・ 208	ダンガリー・・・・・・・・・・・・・・・・ 51
裁ちばさみ・・・・・・・・・・・・・・・ 100	多品種・少ロット・・・・・・・・・・・・・ 5	タンクトップ・・・・・・・・・・・・・・・ 67
裁ち目かがり・・・・・・・・・・・・・・ 189	タブ・・・・・・・・・・・・・・・ 81, 171	短サイクル・・・・・・・・・・・・・・・ 208
裁ち目始末・・・・・・・・・・・・・・・ 189	タブカラー・・・・・・・・・・・・・・・・ 72	単糸・・・・・・・・・・・・・・・・・・・ 134
裁ち目手まつり・・・・・・・・・・・・・ 188	タフタ・・・・・・・・・・・・・・・・・・・ 53	単糸環しつけミシン・・・・・・・・・・ 196
タッキング・・・・・・・・・・・・・・・・ 189	タフタバイアス・・・・・・・・・・・・・ 171	単糸環ボタンつけミシン・・・・・・・ 196
タック・・・・・・・・・・・・ 79, 104, 138	ダブルカフス・・・・・・・・・・・・・・・ 76	短繊維・・・・・・・・・・・・・・・・・・・ 40

索　引　277

炭素繊維 ・・・・・・・・・・・・・・・ 45	力ボタン ・・・・・・・・・・・・・・・ 145	ちゅうき ・・・・・・・・・・・・・・・ 85
反染め ・・・・・・・・・・・・・・・・・ 43	力ボタン付け忘れ ・・・・・・・・・ 93	中継貿易 ・・・・・・・・・・・・・・・ 22
段染め ・・・・・・・・・・・・・・・・・ 44	蓄熱繊維 ・・・・・・・・・・・・・・・ 45	中国正月休暇 ・・・・・・・・・・・・ 226
段染め糸 ・・・・・・・・・・・・・・ 144	縮 ・・・・・・・・・・・・・・・・・・・ 181	中国　人民元 ・・・・・・・・・・・・ 25
反違い・かま違い ・・・・・・・・・ 86	縮める ・・・・・・・・・・・・ 107, 110	中ヒップ ・・・・・・・・・・・・・・・ 37
反長 ・・・・・・・・・・・・・・・・・・ 40	千鳥かがり ・・・・・・・・・・・・・ 189	チューブトップ ・・・・・・・・・・・ 62
担当者 ・・・・・・・・・・・・・・・・・ 2	千鳥格子 ・・・・・・・・・・・・・・・ 54	チューブラーニット ・・・・・・ 132, 167
タンニン染め ・・・・・・・・・・・・ 49	千鳥まつり ・・・・・・・・・・・・・ 189	昼夜 ・・・・・・・・・・・・・・・・・・ 56
単品企画 ・・・・・・・・・・・・・・・ 118	チノクロス ・・・・・・・・・・・・・ 52	チュールネット ・・・・・・・・・・ 168
単品商品 ・・・・・・・・・・・・・・・・ 6	チノパンツ ・・・・・・・・・・・・・ 68	チュールレース ・・・・・・・・ 54, 168
タンブラー加工 ・・・・・・・・・・ 49	チビT ・・・・・・・・・・・・・・・・・ 67	チュニックコート ・・・・・・・・・ 65
段振り ・・・・・・・・・・・・・・・・ 137	茶 ・・・・・・・・・・・・・・・・・・・ 129	超高速紡糸 ・・・・・・・・・・・・・ 45
反別裁断 ・・・・・・・・・・・・・・・ 114	着用不能 ・・・・・・・・・・・・・・・ 87	長繊維 ・・・・・・・・・・・・・・・・ 40
ち	チャコ ・・・・・・・・・・・・ 100, 113	朝鮮　ウォン ・・・・・・・・・・・・ 25
小さい（過ぎる） ・・・・・・・・・・ 154	チャコールグレー ・・・・・・・・・ 129	朝鮮民主主義人民共和国 ・・・・・・・ 25
チェーン店 ・・・・・・・・・・・・・ 11	チャコペーパー ・・・・・・・・・・ 100	チョーク標付け ・・・・・・・・・・ 115
チェーンベルト ・・・・・・・・・・ 148	チャコ汚れ ・・・・・・・・・・・・・ 93	直接染色 ・・・・・・・・・・・・・・・ 41
チェック ・・・・・・・・・・・・・・・ 42	仲介貿易 ・・・・・・・・・・・・・・・ 22	直接費 ・・・・・・・・・・・・・・・・・ 9
チェックイン ・・・・・・・・・・・ 220	中華人民共和国 ・・・・・・・・・・ 25	直線 ・・・・・・・・・・・・・・ 106, 109
地下水 ・・・・・・・・・・・・・・・・ 160	中間検査 ・・・・・・・・・・・・・・ 182	直線システム ・・・・・・・・・・・ 213
地下鉄 ・・・・・・・・・・・・・・・・ 222	中間検品 ・・・・・・・・・・・・・・・ 10	直角尺 ・・・・・・・・・・・・・・・ 100
力布 ・・・・・・・・・・・・・・・・・・ 78	中間仕上げ ・・・・・・・・・・・・・ 182	直角印 ・・・・・・・・・・・・ 107, 110

直径	33
チルデン セーター	150
チロリアンテープ	148
賃金	215
賃金手当て	215
賃金幅	215
賃金レート	215
チンチラ	59
チンツ加工	49

つ

ツイード	53
追加発注	2
ツイル	51
ツインルーム	222
ツーウェイジッパー	80, 146
通関見本（輸出用）	20
通知	242
通知銀行	18
通販	11
ツーピース	64
ツーリストビザ	219
突き合わせ印	108, 111
突き合わせ千鳥はぎ	189
突き合わせはぎ	189
突きじわ	90
縫い縫い	189
筒型しつけミシン	196
包み縫い	189
包みボタン	145
つなぎ	70
つまみ縫い	189
積み出し港	21
つや消し加工	48
吊り型全身ボディ	99
吊り機	175

て

手編み	133
手編みカバー	177
ティアードスカート	63
TSS	214
DHL	224
Dカーブ尺	99
Tシャツ	67
T/T	19
Tバックショーツ	165
TPO	124
ディープトーン	126
Tブラウス	61
T・Cバイアス	171
テイスト	124
ディストリビューター	16
ディスプレイ	119
程度	105
定番商品	7
ティント	126
テープヤーン	144
テーラードカラー	72
テーラードスーツ	64
デオドラント加工	49
手紙	224
テカリ	93
出来上がり寸法	172
出来あがりパターン	98
適合ゲージ	159
適合番手	158
テキスタイルデザイナー	118

テキスタイル デザイン……117	デルリンファスナー……146	天幅（ニット）……35
出口……224	テレコ……56	天秤……200
デコラティブ……121	テレックス……2, 223	テンプレート……200
デザイナーブランド……119	テレビ……223	電話……2, 222
デザイン画……118, 157, 179	テレビ・ショッピング……12	

と

手差し……189	天狗……82	ドイツ マルク……24
手ざわり……86	展示会……119	ドイツ連邦共和国……24
手触り不良……151	展示会サンプル……6	トイレット……223
デシン……52	天竺……136	等級……83
テストセール……14	天竺（丸編み）……56	動作経済……210
デッドライン……3	天竺編み……174	動作経済の原則……210
手捺染……42	天竺裏目……136	動作研究……210
デニール……40	天竺度違い……136	動作研究の分析……210
デニム……52	天竺綿……51	倒産……16, 21
デニムジャケット……69	電車……222	透湿撥水繊維……44
手荷物（機内持込）……220	転写プリント……50	透湿防水繊維……44
手配……19	電信送金……19	等分線……107, 110
手袋……177	テンセル（商標名）……57	同浴二色染め……43
デベロッパー……13	点線……106, 109	動力伝達装置……204
手まつり……189	伝線……153	通し縫い……190
デメリット表示……29	点線模様縫い……190	トーションレース……55
テリー……57	天然繊維……40	トーン……126

独立上下送り ・・・・・・・・・・・・・・・ 199	ドル ・・・・・・・・・・・・・・・・・・・ 23, 24	ナイトローブ ・・・・・・・・・・・・・・・ 166
トグルボタン ・・・・・・・・・・・・・・・ 145	トルコブルー ・・・・・・・・・・・・・・・ 131	ナイフ ・・・・・・・・・・・・・・・・・・・・・ 203
何処で ・・・・・・・・・・・・・・・・・・・・・ 226	ドルマンスリーブ ・・・・・・・・・・・・・ 75	ナイロン ・・・・・・・・・・・・・・・・・・・・・ 31
とじ縫い ・・・・・・・・・・・・・・・・・・・ 190	トレーシングペーパー ・・・・・・・・・ 99	ナイロンハーフバイアス ・・・・・・ 171
とじ不良 ・・・・・・・・・・・・・・・・・・・・・ 96	トレーナー ・・・・・・・・・・・・・・・・・・ 69	ナイロンヤーン ・・・・・・・・・・・・・・ 142
ドットボタン ・・・・・・・・・・・・・・・ 147	ドレープ ・・・・・・・・・・・・・・・・・・・ 104	直し ・・・・・・・・・・・・・・・・・・・・・・・・ 10
トップダイ ・・・・・・・・ 135, 141, 158	ドレープカラー ・・・・・・・・・・・・・・ 73	長い（過ぎる）・・・・・・・・・・・・・・ 154
トップヤーン ・・・・・・・・・・・・・・・ 158	ドレープ性 ・・・・・・・・・・・・・・・・・ 105	中入れ ・・・・・・・・・・・・・・・・・・・・・ 180
度詰め ・・・・・・・・・・・・・・・・・・・・・ 160	ドレスシャツ ・・・・・・・・・・・・・・・・ 65	長さ ・・・・・・・・・・・・・・・・・・・・・・・・ 33
ドビー ・・・・・・・・・・・・・・・・・・・・・・・ 42	ドレスピン ・・・・・・・・・・・・・・・・・ 100	長袖 ・・・・・・・・・・・・・・・・・・・・・・・・ 75
飛び込み ・・・・・・・・・・・・・・ 84, 156	ドレスフォーム（弛み入）・・・・・・ 99	中とじ ・・・・・・・・・・・・・・・・・・・・・ 190
ドミット芯 ・・・・・・・・・・・・・・・・・・ 58	ドレッシー ・・・・・・・・・・・・・・・・・ 121	流れ作業 ・・・・・・・・・・・・・・・・・・・ 209
共布 ・・・・・・・・・・・・・・・・・・・・・・・・ 56	トレンチコート ・・・・・・・・・・・・・・ 66	中綿 ・・・・・・・・・・・・・・・・・・・・・・・・ 58
トヨタ方式 ・・・・・・・・・・・・・・・・・ 214	トレンディ ・・・・・・・・・・・・・・・・・ 120	中綿不良 ・・・・・・・・・・・・・・・・・・・・ 94
ドライクリーニング堅牢度 ・・・・・・ 30	トレンドマップ ・・・・・・・・・・・・・ 117	ナチュラルカラー ・・・・・・・・・・・・ 127
トラッド ・・・・・・・・・・・・・・・・・・・ 122	ドローストリング ・・・・・・・・・・・・ 81	斜め ・・・・・・・・・・・・・・・・・・・・・・・・ 34
トラベラーズチェック ・・・・・・・・ 221	ドロップショルダー ・・・・・・・・・・ 75	斜ポケット ・・・・・・・・・・・・・・・・・・ 78
トランクス ・・・・・・・・・・・・・・・・・ 173	トワル ・・・・・・・・・・・・・・・・・・・・・・ 99	何を ・・・・・・・・・・・・・・・・・・・・・・・ 226
トリアセテート ・・・・・・・・・・・・・・ 31	ドン ・・・・・・・・・・・・・・・・・・・・・・・・ 26	ナポレオンカラー ・・・・・・・・・・・・ 73
トリコット編み ・・・・・・・・ 132, 167	どんでん返し ・・・・・・・・・・・・・・・ 190	なまこ ・・・・・・・・・・・・・・・・・・・・・・ 99
トリコロール ・・・・・・・・・・・・・・・ 131	**な**	波打ち ・・・・・・・・・・・・・・・・・・・・・・ 84
トリミング ・・・・・・・・・・・・・・・・・ 140	ナイトドレス ・・・・・・・・・・・・・・・ 166	なめし加工 ・・・・・・・・・・・・・・・・・・ 51

梨地 · 55
ナンバーリング · · · · · · · · · · · · · · · 115

に

ニーズ・ウォンツ · · · · · · · · · · · · · · 16
ニードル・パンチ · · · · · · · · · · · · · · 50
二重うす · · · · · · · · · · · · · · · · · · · 138
二重環縫い筒型ミシン · · · · · · · · 196
二重環縫いミシン · · · · · · · · · · · 196
二重縫い · · · · · · · · · · · · · · · · · · · 190
二条縫い · · · · · · · · · · · · · · · · · · · 190
日光堅牢度 · · · · · · · · · · · · · · · · · · 30
日産 · 5
日産数量 · · · · · · · · · · · · · · · · · · · 208
ニッチ・ビジネス · · · · · · · · · · · · · 17
ニットウェアー · · · · · · · · · · · · · 132
ニット生地 · · · · · · · · · · · · · · · · · 180
ニット機種 · · · · · · · · · · · · · · · · · · · 4
ニットスーツ · · · · · · · · · · · · · · · · 64
ニット製品 · · · · · · · · · · · · · · · · · · · 4
ニットデザイナー · · · · · · · · · · · · 118
ニットファブリック · · · · · · · · · · 132
日本 · 23
日本円 · 23
二本針 · 190
二本針飾り縫いミシン · · · · · · · · 197
二本針本縫いミシン · · · · · · · · · · 197
二枚袖 · 74
荷物 · 220
入金 · 18
入国カード · · · · · · · · · · · · · · · · · 221
ニュートラ · · · · · · · · · · · · · · · · · 122
二浴染め · 43

ぬ

縫い · 182
縫い糸切れ · · · · · · · · · · · · · · · · · · 95
縫い糸始末不良 · · · · · · · · · · · · · · 95
縫い糸調子不良 · · · · · · · · · · · · · · 95
縫い返し · · · · · · · · · · · · · · · · · · · 190
縫い作業 · · · · · · · · · · · · · · · · · · · 208
縫い代 · · · · · · · · · · · · · · · · · 104, 190
縫い代処理不良 · · · · · · · · · · · · · · 87
縫い代倒し方向 · · · · · · · · · · · · · 104
縫い代付きパターン · · · · · · · · · · · 98
縫い代不足 · · · · · · · · · · · · · · · · · · 87
縫い縮み · 95
縫いつれ · 95
縫い止り · · · · · · · · · · · · · · · · · · · 105
縫いはずれ · · · · · · · · · · · · · · · · · · 95
縫い目強度不足 · · · · · · · · · · · · · · 95
縫い目伸度不足 · · · · · · · · · · · · · · 95
縫い目飛び · · · · · · · · · · · · · · · · · · 95
縫い目パンク · · · · · · · · · · · · · · · · 96
縫い目ほつれ · · · · · · · · · · · · · · · · 95
縫い目曲がり · · · · · · · · · · · · · · · · 95
縫い目ラン · · · · · · · · · · · · · · · · · · 95
縫い目笑い · · · · · · · · · · · · · · · · · · 96
縫い目割り · · · · · · · · · · · · · · · · · 190
ヌートリア · · · · · · · · · · · · · · · · · · 60
抜き取り検査 · · · · · · · · · · · · · · · 218
抜き取り検品 · · · · · · · · · · · · · · · · 10
抜き刃裁断装置 · · · · · · · · · · · · · 203
布目 · · · · · · · · · · · · · · · · · · 108, 112

ね

ネイビー · · · · · · · · · · · · · · · · · · · 131
ネーム · 28
ネックダウン · · · · · · · · · · · · · · · 155

ネックライン・・・・・・・・・・・・・・・・ 101
熱転写（アプリケ）装置・・・・・・・ 204
ネップ・・・・・・・・・・・・・・・・・・・・・・ 84
熱変色・・・・・・・・・・・・・・・・・・・・・・ 85
根巻き（ボタン付け）・・・・・・・・ 190
眠り穴・・・・・・・・・・・・・・・・・・・・・・ 145
眠り穴かがり・・・・・・・・・・・・・・・・ 191
眠り穴かがりミシン・・・・・・・・・・ 197
年功加給・・・・・・・・・・・・・・・・・・・・ 216
撚糸・・・・・・・・・・・・・・・・・・・ 40, 143
年末年始の休暇・・・・・・・・・・・・・・ 226

の

納期・・・・・・・・・・・・・・・・・・・・ 3, 206
納期管理・・・・・・・・・・・・・・・・・・・・ 206
濃紺・・・・・・・・・・・・・・・・・・・・・・・・ 131
能率・・・・・・・・・・・・・・・・・・・・・・・・ 211
ノーカラー・・・・・・・・・・・・・・・・・・ 71
ノースリーブ・・・・・・・・・・・・・・・・ 75
〜のために・・・・・・・・・・・・・・・・・・ 226
ノックオーバーカム・・・・・・・・・・ 175
ノッチ印・・・・・・・・・・・・・・・ 107, 111
ノツチドラペル・・・・・・・・・・・・・・ 72

伸ばす・・・・・・・・・・・・・・・・・ 107, 110
伸び止めテープ・・・・・・・・・ 148, 171
伸び止めテープ付け不良・・・・・・ 155
伸び止め縫い・・・・・・・・・・・・・・・・ 190
乗り継ぎ・・・・・・・・・・・・・・・・・・・・ 220
のり汚れ・・・・・・・・・・・・・・・・・・・・ 85
ノルディック セーター・・・・・・・ 150

は

パーカー・・・・・・・・・・・・・・・・・・・・ 70
バーゲンセール・・・・・・・・・・・・・・ 14
バーチャル・ショップ・・・・・・・・ 13
バーツ・・・・・・・・・・・・・・・・・・・・・・ 26
ハード・・・・・・・・・・・・・・・・・・・・・・ 121
ハーブ染め・・・・・・・・・・・・・・・・・・ 51
ハーフトリコット・・・・・・・・ 139, 167
パープル・・・・・・・・・・・・・・・・・・・・ 130
バーミューダパンツ・・・・・・・・・・ 68
バイアス縁取り・・・・・・・・・・・・・・ 191
ハイウエストガードル・・・・・・・・ 164
バイオウォッシュ・・・・・・・・・・・・ 48
ハイゲージ・・・・・・・・・・・・・・・・・・ 134
配色・・・・・・・・・・・・・・・・・ 7, 125, 135

配色違い・・・・・・・・・・・・・・・・・・・・ 86
配色マス・・・・・・・・・・・・・・・・・・・・ 43
配色見本・・・・・・・・・・・・・・・・・・・・ 43
ハイソックス・・・・・・・・・・・・・・・・ 176
パイソン・・・・・・・・・・・・・・・・・・・・ 60
ハイテク・・・・・・・・・・・・・・・・・・・・ 123
ハイテク・スーツ・・・・・・・・・・・・ 66
ハイドロ晒し（漂白）・・・・・・・・ 48
ハイネック・・・・・・・・・・・・・・・・・・ 71
パイピング・・・・・・・・・・・・・・・・・・ 191
パイピング不良・・・・・・・・・・・・・・ 93
ハイブリット繊維・・・・・・・・・・・・ 44
バイヤー・・・・・・・・・・・・・・・・・・・・ 1
バイヤス・・・・・・・・・・・・・・・ 107, 110
パイルクロス・・・・・・・・・・・・・・・・ 57
バインダー・・・・・・・・・・・・・・・・・・ 202
バインダー縁取り・・・・・・・・・・・・ 191
はがき・・・・・・・・・・・・・・・・・・・・・・ 224
はぎ・・・・・・・・・・・・・・・・・・・・・・・・ 191
バギーパンツ・・・・・・・・・・・・・・・・ 68
白度・・・・・・・・・・・・・・・・・・・・・・・・ 128
剥離・・・・・・・・・・・・・・・・・・・・・・・・ 94

箱ひだ･･････････････ 191	パターンメーキング････ 97, 159, 179	八方送り･･････････････ 199
箱ポケット･････････････ 77	パターンメッシュ･････････ 169	派手････････････････ 128
は刺し･･･････････････ 191	パターン用紙･･･････････ 98	鳩目穴･･････････････ 146
挟み縫い･････････････ 191	パタンナー････････････ 97	鳩目穴かがり･･･････････ 191
端一本押さえ･･･････････ 191	8カン･･････････････ 170	鳩目穴かがりミシン･･････････ 197
バジェット品････････････ 14	パッキングリスト･･･････ 21, 183	鳩目ボタンホール･･････････ 145
パシミーナ･･･････････ 142	バック細編み･･･････････ 140	はな紺･･････････････ 131
端ミシン･････････････ 191	バックサテン･･･････････ 52	パネルプリント･････････ 44
パジャマ･････････････ 166	バックスキン･･･････････ 58	幅（巾）･････････････ 33
バス ･･････････････ 222	バック布･････････････ 170	パフスリーブ･･･････････ 75
パステルカラー･･････････ 127	バックル･････････････ 81	ばら毛染め･･････････ 135, 141, 158
バスト ･･････････････ 34	バックレス・ブラ･･･････････ 163	ハラコ･･････････････ 59
バストパッド････････････ 165	発行銀行･････････････ 18	バラツキ･････････････ 217
バストライン･･･････････ 101	抜染････････････････ 42	バラッシャ････････････ 53
パスポート････････････ 219	発送････････････････ 19	パラフィン・コーティング･････ 50
バスローブ････････････ 166	パッチ & フラップ･･････････ 77	バランス感覚･･･････････ 124
破線 ･･･････････ 106, 109	パッチポケット･･･････････ 77	針跡････････････････ 96
パターン･･････････････ 7, 97	発注･････････････････ 2	針板････････････････ 200
パターングレーディング･･････ 179	発注書････････････････ 2	針送り･･････････････ 199
パターンコピー･･･････････ 98	パッチワーク･･･････････ 51	針送りミシン･･･････････ 197
パターン指示･･･････････ 97	パッデッド・ブラ･･･････････ 163	針落ち点････････････ 200
パターンパーツ数････････ 179	パット付け不良･･････････ 90	針立て･････････････ 138

索　引　283

針抜き・・・・・・56, 138	バンド・ブラ・・・・・・164	ピーチスキン加工・・・・・・48
針汚れ・・・・・・85	バンドリング・・・・・・115, 181	ヒートカット・・・・・・170
パワーネット・・・・・・168	ハンドル強度・・・・・・160	ビーバー・・・・・・60
範囲・・・・・・105	ハンドル強度不揃い・・・・・・152	ヒーリング素材・・・・・・45
半裏・・・・・・106	バンドルシステム・・・・・・213	ビエラ・・・・・・53
ハンガー掛け・・・・・・183	販売促進・・・・・・119	控え見本（輸出用）・・・・・・20
ハンガードライ・・・・・・162	帆布・・・・・・54	ひき揃え・・・・・・134
半製品・・・・・・9, 210	半伏せ縫い・・・・・・191	引き揃え糸・・・・・・141
半袖・・・・・・75	**ひ**	ビキニショーツ・・・・・・165
パンタロン・・・・・・63, 150	緋赤・・・・・・130	ピケ・・・・・・52
パンチカード・・・・・・140, 159	ＢＡＨ・・・・・・35	飛行機・・・・・・220
班長・・・・・・207	Ｂ・Ｓ・・・・・・61	ピコット・・・・・・140, 191
パンツ・・・・・・63, 66, 150	Ｂ／Ｌ・・・・・・19	ピコットテープ・・・・・・171
パンツ裾幅・・・・・・38	ＰＬ法・・・・・・15	ビザ・・・・・・219
パンツ丈・・・・・・37	ビーカー・・・・・・7, 43	膝当て布・・・・・・82
パンツ前明き不良・・・・・・91	ビーカー依頼・・・・・・7	膝回り・・・・・・38
パンティー・・・・・・165	ビーカー確認・・・・・・7	ひじ線・・・・・・102
パンティーガードル・・・・・・164	ピークドラペル・・・・・・72	ビジネスクラス・・・・・・220
パンティーストッキング・・・・・・176	ピーコート・・・・・・65	ビジネスソックス・・・・・・176
バンドカラー・・・・・・72	ビーズ・・・・・・148	ビジュアルマーチャンダイジング118
ハンドキャリー・・・・・・20	ピース・・・・・・6	非常口・・・・・・224
ハンド刺繍・・・・・・140	ピースレート・・・・・・5, 208, 216	ビスコースレーヨン・・・・・・31

ひ

- ピスポケット ... 78
- ひだ ... 104
- ひだ奥 ... 104
- ひだ代 ... 107, 110
- ひだ取り ... 191
- ひだ取り縫い ... 192
- ひだ山 ... 104
- ビッグシャツ ... 67
- 羊皮 ... 59
- ピッチ ... 103
- ビット ... 146
- 引っ張り ... 82
- 引っ張り強度 ... 30
- ヒップ ... 37
- ヒップスタースカート ... 63
- ヒップパッド ... 165
- ヒップハンガー ... 68
- ヒップライン ... 101
- ビニール ... 31
- ビニロン ... 31
- ビビッドトーン ... 126
- 紐とうし ... 81
- 百貨店 ... 11
- ヒョウ ... 59
- 標準外手当て ... 216
- 標準作業時間設定法 ... 211
- 標準時間 ... 211
- 標準見本 ... 20
- 表示類付け ... 162
- 表示類付け不良 ... 94, 157
- 表示類間違い ... 94
- ひよく ... 79
- ひょっとこ ... 138
- 平編みソックス ... 176
- 平織り ... 41
- 平ベッドミシン ... 197
- ピリング ... 157
- 広い（過ぎる） ... 154
- 疲労 ... 218
- 広幅 ... 172
- ピンキング ... 192
- ピンキング鋏み ... 100
- ピンク ... 130
- ピンクッション ... 100
- 品質 ... 4
- 品質管理 ... 208
- 品質表示 ... 28
- 品質保証 ... 218
- ピンストライプ ... 55
- ピンタック縫い ... 192
- ピンタックリーダー ... 202
- 品番 ... 3
- ピンホールカラー ... 72
- ピンワーク ... 99

ふ

- ファー ... 57
- ファーストクラス ... 220
- ファーストサンプル ... 6
- ファーストパターン ... 97
- フォーマティブパッド ... 165
- ファゴッティング ... 192
- ファスナー ... 146
- ファスナー丈 ... 37
- ファスナー付け ... 192
- ファスナー付け不良 ... 91, 156
- ファスナー止まり位置 ... 103

ファックス 2, 223	風通 42	付属管理 206
ファッショニング 137	フード 81	付属(小物)裁断 114
ファッショニングマーク 159	ブーム 17	付属裁断 181
ファッション 116	プーラー送り 198	付属持ち込み 3
ファッション傾向 116	フェアアイル 150	付属類 180
ファッションサイクル 116	フェイクファー 57	豚皮 59
ファッション情報 116	フェミニン 121	二つ穴ボタン 146
ファッションショー 119	フェルト 54	二つ折り縫い 192
ファッションストッキング 176	フォーマル 67	二つ巻具 202
ファンキールック 122	フォーマルウェアー 120	縁かがり 192
ファンクション線 107, 110	フォックス 59	縁縫い 192
ファンシーヤーン 135, 141	付加価値 208	ブッキング 220
ファンデーション 164	不可避な遅延 217	フックベンツ 80
V型ベルト 201	複合繊維 40	ブッシュ 201
V首シャツ 173	ふくれジャカード 54	プッシュ 217
フィッシャーマン 150	袋入れ 183	プッシュピン 147
フィッティング 18	袋縫い 192	フットカバー 177
Vネック 71	袋リンキング 139	物流 23
フィリピン共和国 26	不織布 169, 180	ブティック 11
フィリピン ペソ 26	伏せ縫い 192	歩留まり 10
フィルムボーン 171	付属 8	船積み 19
風合い不良 86	付属編み 160	船積み書類 19

索　引　287

船荷証券 ················ 19
船腹押さえ ················ 21
船便 ················ 19
布帛縫製品 ················ 3
ply ················ 134
フライス ················ 139
フライス編み（機） ········ 174
ブライトトーン ············ 126
ブラインドステッチ ········ 192
ブラウジング ················ 62
ブラウス ················ 61
ブラウン ················ 129
ブラ・キャミ ················ 164
ふらし ················ 106
ブラジャー ················ 163
フラッグストア ············ 12
フラットカラー ············ 73
ブラ・トップ ················ 61
フラノ ················ 53
フラン ················ 24
ブランケットステッチ ······ 193
フランス共和国 ············ 24

フランス フラン ·········· 24
フランチャイズ ············ 12
ブランド ················ 2
ブランド政策 ············ 117
フリース ················ 57
ブリーチ ················ 48
プリーツ ················ 104
プリーツ加工 ············ 47
プリーツ紙 ············ 104
プリーツ代 ············ 104
プリーツスカート ········ 62, 149
プリーツ定型加工 ········ 47
プリーツ不良 ············ 93
プリーツ方向 ············ 104
ブリーフ ················ 173
フリーポート ············ 23
振り柄 ················ 137
フリル ················ 81
フリンジ ················ 81
プリント ················ 42, 177
プリントデザイナー ······ 118
プリントデザイン ········ 117

プリント不良 ············ 86
プリントロット ············ 4, 44
プル ················ 217
ブルー ················ 131
プルオーバー ············ 149
フル・ガーメント ········ 133
ブルゾン ················ 64, 150
フル・ファッション編み ···· 132
フレアースカート ········ 63, 150
フレアーパンティー ······ 165
プレイティング ············ 136
ブレザージャケット ······ 66
プレスあたり ············ 88
プレス収縮 ············ 88
プレゼンテーション ······ 119
プレタポルテ ············ 119
プレッサーホイル ········ 175
フレンチスリーブ ········ 75
フロート ················ 138
ブロード ················ 51
フロッキー加工 ············ 49
フロッグ ················ 60

プロパー品 · · · · · · · · · 15	ベトナム社会主義共和国 · · · · · · · · 26	変動要素 · · · · · · · · · 218
プロミックス · · · · · · · · · 32	ベトナム　ドン · · · · · · · · · 26	返品 · · · · · · · · · 20
フロント · · · · · · · · · 222	ベネシャン · · · · · · · · · 53	偏平縫いミシン · · · · · · · · · 197
フロントホック・ブラ · · · · · · · · 164	ヘビーデューティ · · · · · · · · · 123	ヘンリーカラー · · · · · · · · · 73
分業 · · · · · · · · · 209	ベビードール · · · · · · · · · 166	**ほ**
へ	ペプラム · · · · · · · · · 81	ボア · · · · · · · · · 57
ベア・トップ · · · · · · · · · 61	ヘミング · · · · · · · · · 193	ホイール送り · · · · · · · · · 199
平均時間 · · · · · · · · · 211	ヘム · · · · · · · · · 79, 82	ボイラー · · · · · · · · · 204
平均時間賃金 · · · · · · · · · 211, 215	ヘム始末不良 · · · · · · · · · 91	ボイル温度 · · · · · · · · · 160
ペイズリー · · · · · · · · · 55	ヘムライン · · · · · · · · · 101	防炎加工 · · · · · · · · · 47
平面製図 · · · · · · · · · 99	減らし目 · · · · · · · · · 153, 159	防汚加工 · · · · · · · · · 46
ベーシック · · · · · · · · · 120	へり縫い · · · · · · · · · 193	方眼尺 · · · · · · · · · 99
ベージュ · · · · · · · · · 129	ヘリンボーン · · · · · · · · · 54	芳香性繊維 · · · · · · · · · 44
ペールトーン · · · · · · · · · 126	ベルト · · · · · · · · · 81	防縮加工 · · · · · · · · · 46
ベスト · · · · · · · · · 66, 149	ベルト通し · · · · · · · · · 81	報償金 · · · · · · · · · 216
ベストスーツ · · · · · · · · · 64	ベルト通し不良 · · · · · · · · · 91	防しわ加工 · · · · · · · · · 47
ペセタ · · · · · · · · · 24	ベルベット · · · · · · · · · 52	防水加工 · · · · · · · · · 46
ペソ · · · · · · · · · 26	ベロアー · · · · · · · · · 57	縫製 · · · · · · · · · 160
ペチコート · · · · · · · · · 166	偏心カム · · · · · · · · · 201	縫製作業用語 · · · · · · · · · 183
ペチコート(別付け) · · · · · · · · 106	編成効率 · · · · · · · · · 209	縫製準備工程 · · · · · · · · · 180
へちまカラー · · · · · · · · · 73	ベンゾエート · · · · · · · · · 32	縫製品製造 · · · · · · · · · 207
べっちん · · · · · · · · · 52	ベンツ · · · · · · · · · 80	縫製不良 · · · · · · · · · 10, 154

縫製メーカー・・・・・・・・・・・・・・・・・・ 1	補修糸・・・・・・・・・・・・・・・・・・・・・・・ 149	ボタンホール・・・・・・・・・・・・ 145, 162
紡績・・・・・・・・・・・・・・・・・・・・・・ 39, 158	補償貿易・・・・・・・・・・・・・・・・・・・・・ 23	ボタンホール位置・・・・・・・・ 108, 112
紡績不良・・・・・・・・・・・・・・・・・・・・ 151	ボス柄・・・・・・・・・・・・・・・・・・ 139, 178	ボタンホール不良・・・・・・・・・・・・ 92
防染・・・・・・・・・・・・・・・・・・・・・・・・・ 43	POS管理・・・・・・・・・・・・・・・・・・・・ 16	ポップコーン・・・・・・・・・・・・・・・ 140
包装・・・・・・・・・・・・・・・・・・・・ 162, 183	ボストン・・・・・・・・・・・・・・・・・・・・ 170	ほつれ止め・・・・・・・・・・・・・・・・・ 193
ボウタイ・・・・・・・・・・・・・・・・・・・・・ 73	保税倉庫・・・・・・・・・・・・・・・・・・・・・ 22	ボディ・・・・・・・・・・・・・・・・・・・・・・ 99
放反・・・・・・・・・・・・・・・・・・・・・・・・ 181	保税地区・・・・・・・・・・・・・・・・・・・・・ 22	ボディースーツ・・・・・・・・・・・・・ 165
防虫加工・・・・・・・・・・・・・・・・・・・・・ 47	細い（過ぎる）・・・・・・・・・・・・・ 154	ボディウエアー・・・・・・・・・・・・・ 166
防抜プリント・・・・・・・・・・・・・・・・・ 43	細幅・・・・・・・・・・・・・・・・・・・・・・・・ 172	ボディカラー・・・・・・・・・・・・・・・ 125
紡毛糸・・・・・・・・・・・・・・・・・・・・・・ 141	ボタン・・・・・・・・・・・・・・・・・・・・・・ 145	ボディコンシャス・・・・・・・・・・・ 124
訪問販売・・・・・・・・・・・・・・・・・・・・・ 11	ボタン穴かがり・・・・・・・・・・・・・ 193	ホテル・・・・・・・・・・・・・・・・・・・・・ 222
防融加工・・・・・・・・・・・・・・・・・・・・・ 46	ボタン穴不良・・・・・・・・・・・・・・・ 156	ボビン・・・・・・・・・・・・・・・・・・・・・ 201
ボーダー柄・・・・・・・・・・・・・・・・・・ 55	ボタン間隔・・・・・・・・・・・・・・・・・・ 38	ポプリン・・・・・・・・・・・・・・・・・・・・ 53
ボートネック・・・・・・・・・・・・・・・・ 70	ボタン個数・・・・・・・・・・・・・・・・・・ 38	ポリウレタン・・・・・・・・・・・・・・・・ 32
ホール・ガーメント・・・・・・・・・ 133	ボタンダウンカラー・・・・・・・・・・ 71	ポリウレタン・コーティング・・・・ 50
補強縫い・・・・・・・・・・・・・・・・・・・ 193	ボタン直径・・・・・・・・・・・・・・・・・・ 38	ポリエステル・・・・・・・・・・・・・・・・ 30
ポケット（位置）・・・・・・・・ 36, 103	ボタン付け・・・・・・・・・・・・・ 162, 193	ポリエステルヤーン・・・・・・・・・ 142
ポケット左右不揃い・・・・・・・・・ 155	ボタン付け位置・・・・・・・・ 108, 112	ポリ塩化ビニール・・・・・・・・・・・・ 31
ポケット付け不良・・・・・・・・・・・・ 90	ボタン付け位置不良・・・・・・・・・ 156	ポリノジック・・・・・・・・・・・・・・・・ 31
ポケット幅・丈・・・・・・・・・・・・・・ 36	ボタン付け根巻き・・・・・・・・・・・ 156	ポリプロピレン・・・・・・・・・・・・・・ 31
保険・・・・・・・・・・・・・・・・・・・・・・・・・ 21	ボタン付け根巻き不良・・・・・・・・ 92	ホルターネック・・・・・・・・・・・・・・ 71
星縫い・・・・・・・・・・・・・・・・・・・・・ 193	ボタン付け不良・・・・・・・・・ 92, 156	ホルターネック・ブラ・・・・・・・ 164

ホルマリン・・・・・・・・・・・・・・・・・・ 30	マイクロミニ・・・・・・・・・・・・・・・・・ 62	マシーンプリント・・・・・・・・・・・・・ 42
ボレロ・・・・・・・・・・・・・・・・・・・・・・ 64	前アームホール・・・・・・・・・・・・・・ 35	増し芯用パターン・・・・・・・・・・・・ 98
ポロカラー（衿）・・・・・・・・・・・・ 72	前開き左右不揃い・・・・・・・・・・・・ 155	マジックテープ・・・・・・・・・・・・・・・ 146
ポロセーター・・・・・・・・・・・・・・・・・ 149	前打合わせ不揃い・・・・・・・・・・・・ 89	増し目・・・・・・・・・・・・・・・ 153, 159
香港 ・・・・・・・・・・・・・・・・・・・・・・ 25	前衿下がり・・・・・・・・・・・・・・・・・・ 36	マシン停止賃金・・・・・・・・・・・・・・ 212
香港　ドル・・・・・・・・・・・・・・・・・・ 25	前処理・・・・・・・・・・・・・・・・・・・・・・ 182	マス（織り）・・・・・・・・・・・・・・・・ 7
ボンディング加工・・・・・・・・・・・・・ 49	前丈・・・・・・・・・・・・・・・・・・・・・・・・ 34	マス （プリント）・・・・・・・・・・・・ 7
ポンド・・・・・・・・・・・・・・・・・・・・・・ 24	前立て・・・・・・・・・・・・・・・・・・・・・・ 79	マスキュリン・・・・・・・・・・・・・・・・ 121
本縫い千鳥ミシン・・・・・・・・・・・・ 197	前立て幅・・・・・・・・・・・・・・・・・・・・ 36	マスタード・・・・・・・・・・・・・・・・・・ 129
本縫いボタンつけミシン・・・・・・ 196	前立て不良・・・・・・・・・・・・・・・・・・ 89	マスターパターン・・・・・・・・・・・・ 97
本縫いミシン・・・・・・・・・・・・・・・・ 197	前立て持出し・・・・・・・・・・・・・・・・ 82	マスプロダクション・・・・・・・・・ 117
ポンポン・・・・・・・・・・・・・・・・・・・・ 140	前中心線・・・・・・・・・・・・・・・・・・・・ 101	股上・・・・・・・・・・・・・・・・・・・・・・・ 38
ま	前中心布・・・・・・・・・・・・・・・・・・・・ 169	股上縫い・・・・・・・・・・・・・・・・・・・ 193
マーキージェットレース・・・・・・ 168	前身頃・・・・・・・・・・・・・・・・・・・・・・ 101	股下・・・・・・・・・・・・・・・・・・・・・・・ 38
マーキング・・・・・・・・・・・・・ 113, 180	前身の拝み・・・・・・・・・・・・・・・・・・ 89	股下縫い・・・・・・・・・・・・・・・・・・・ 193
マーキングペーパー・・・・・・・・・・ 113	前身の逃げ・・・・・・・・・・・・・・・・・・ 89	マタニティーガードル・・・・・・・・ 164
マークシート・・・・・・・・・・・・・・・・ 19	前身幅・・・・・・・・・・・・・・・・・・・・・・ 34	マタニティー・ブラ・・・・・・・・・・ 164
マークダウン・・・・・・・・・・・・・・・・ 14	マオカラー・・・・・・・・・・・・・・・・・・ 73	マタニティードレス・・・・・・・・・・ 65
マーチャンダイザー・・・・・・・・・・ 118	マカロニテープ・・・・・・・・・・・・・・ 171	まち・・・・・・・・・・・・・・・・・・・・・・・ 80
マーベルト・・・・・・・・・・・・・・・・・・ 82	巻き縫い・・・・・・・・・・・・・・・・・・・・ 193	待ち時間・・・・・・・・・・・・・・・・・・・ 211
枚 ・・・・・・・・・・・・・・・・・・・・・・・・ 6	巻きはずれ・・・・・・・・・・・・・・・・・・ 96	まち縫い・・・・・・・・・・・・・・・・・・・ 193
マイクロファイバー・・・・・・・・・・ 169	摩擦堅牢度・・・・・・・・・・・・・・・・・・ 29	まつり・・・・・・・・・・・・・・・・・・・・・ 193

索引 291

マテハン装置 ･･････････････ 202
マドラスチェック ･･･････････ 53
マリンルック ･･････････････ 122
丸穴かがり ･･･････････････ 193
丸編み ･･･････････ 132, 136, 167
丸い ･･････････････････････ 225
○カン ････････････････････ 170
マルク ････････････････････ 24
丸首シャツ ･･･････････････ 172
マルチカラー ･････････････ 127
マルチビザ ･･･････････････ 219
丸縫い ････････････････････ 209
丸刃 ･･････････････････････ 115
マルロン ･･････････････････ 144
マレーシア ･･･････････････ 26
マレーシアリンギ ･････････ 26
回し固定軸 ･･･････････････ 201
回り折り ･････････････････ 182

み

身返し ･･････････････････････ 79
見返し芯 ･･････････････････ 180
身返し線 ････････････ 107, 109
ミキシング ･････････････････ 49
見切り ･････････････････････ 14
短い（過ぎる） ･･･････････ 154
ミシン糸色不適合 ････････ 87
ミシン糸不良 ････････････ 87
ミシン刺繍 ･･･････････････ 140
ミシン頭部 ･･････････････ 201
ミシン針 ････････････････ 200
ミシン針目粗すぎ ･･････････ 94
ミシン針目細すぎ ･･････････ 94
ミス ･･････････････････････ 120
水着 ･･････････････････････ 166
水玉 ･･････････････････････ 56
ミセス ････････････････････ 120
見せて下さい ･････････････ 226
身丈 ･･･････････････････････ 34
見た目が良くない ･･･････ 151
三つ折り縫い ････････････ 194
ミックスカラー ･･･････････ 127
ミッシー ･･････････････････ 120
三つ揃え ･･･････････････････ 66
密度不足（度目詰める） ･･････ 152

密度不揃い ･･････････････ 152
密度不良 ･････････････････ 83
密度ゆるく ･･････････････ 152
三つ巻具 ････････････････ 202
ミディアムトーン ････････ 126
ミニスカート ････････ 62, 149
ミニマムロット ･･･････････ 4
耳 ･････････････････････････ 40
ミラニーズ ･･････････････ 133
ミラノリブ ･･････････ 56, 138
ミンク ･････････････････････ 59

む

ムートン ･･････････････････ 59
迎え ･････････････････････ 223
蒸し器 ･･･････････････････ 161
無店舗販売 ･･･････････････ 11
胸ダーツ ･････････････････ 103
胸ポケット ･･･････････････ 77
むら染め ･･････････････････ 44

め

迷彩柄 ･･･････････････････ 55
名刺 ････････････････････ 222

明度 ･･････････････････ 125	メリノウール･････････････ 142	モノトーン･･･････････････ 126
目打ち･････････ 100, 115, 181	メルトン･････････････････ 53	モノポリ････････････････････ 9
目打ち印･･････････ 108, 112	綿 ････････････････ 30, 143	モヘアー･････････････････ 142
目移し編み（機）･･･････ 174	面板････････････････････ 201	模様縫い････････････････ 188
目移し柄････････････････ 137	綿混･････････････････････ 30	匁 ･･････････････････････ 42
メーカー･･････････････････ 1	免税････････････････････ 221	**や**
メーター･････････････････ 33	綿パン･･･････････････････ 68	ヤード･･･････････････････ 33
メールオーダー･･････････ 11	面ファスナー････････････ 146	ヤール･･･････････････････ 33
目落ち･･････････････････ 153	**も**	ヤーン･･････････････････ 133
目数増やす･････････････ 153	モアレ･･･････････････････ 86	ヤーンダイ･････････････ 141
目数減らす･････････････ 153	毛芯･････････････････････ 58	ヤク････････････････････ 142
目刺しステッチ････････ 140	モーニングコート･････････ 67	安い････････････････････ 225
メジャー･････････････････ 99	モーニングコール･･････ 223	矢振り･･････････････････ 137
雌カン･･････････････････ 170	モールヤーン･･･････････ 143	破れ･･･････････････ 84, 156
メス切れ不良･･･････････ 93	モカ････････････････････ 129	山袖･････････････････････ 75
メス付き本縫いミシン･･ 197	本糸････････････････ 135, 143	ヤング･･････････････････ 120
メタルヤーン･･････ 32, 143	モジュール生産システム･ 214	ヤングアダルト･････････ 120
メッシュ･･････････ 57, 168	モスグリーン････････････ 131	**ゆ**
メッシュ柄･････････････ 178	モダン･･････････････････ 120	湯洗い･･････････････････ 160
メッセージ･････････････ 223	持ちかかり糸重量･････ 134	U首シャツ･････････････ 172
目飛び･････････････････ 153	持ち出し線･････････････ 102	優先順位････････････････ 218
メランジ･･･････････････ 143	モッサ･･･････････････････ 55	Uネック･･････････････････ 71

郵便局 ・・・・・・・・・・・・・・・・・・ 223	ヨーク ・・・・・・・・・・・・・・・・・・・・ 79	ライクラ ・・・・・・・・・・・・・・・・・・ 144
UVカット加工 ・・・・・・・・・・・・ 46	ヨーク位置 ・・・・・・・・・・・・・・・ 103	ライセンシー ・・・・・・・・・・・・・・・ 14
ユーロ ・・・・・・・・・・・・・・・・・・・・ 27	ヨークスリーブ ・・・・・・・・・・・・ 75	ライセンスブランド ・・・・・・・・ 119
ゆがみ ・・・・・・・・・・・・・・・・・・・・ 83	ヨーロッパ連合 ・・・・・・・・・・・・ 27	ライダース ジャケット ・・・・・・ 70
裄丈 ・・・・・・・・・・・・・・・・・・・・・・ 34	ヨーロピアン・カジュアル ・・・・ 122	ライダー・ファッション ・・・・・・ 123
輸出検査 ・・・・・・・・・・・・・・・・・・ 21	良くない ・・・・・・・・・・・・・・・・・ 225	ライトグレー ・・・・・・・・・・・・・・ 129
輸出申告書 ・・・・・・・・・・・・・・・・ 19	横 ・・・・・・・・・・・・・・・・・・・・・・・・ 34	ライトトーン ・・・・・・・・・・・・・・ 126
ゆとり ・・・・・・・・・・・・・・・・・・・ 194	緯編み ・・・・・・・・・・・・・・ 132, 167	ライトパープル ・・・・・・・・・・・・ 130
ゆとり分量 ・・・・・・・・・・・・・・・ 105	横編み ・・・・・・・・・・・・・・ 132, 167	ライトブルー ・・・・・・・・・・・・・・ 130
ユニセックス ・・・・・・・・・・・・・・ 124	横糸 ・・・・・・・・・・・・・・・・・・・・・・ 39	ライニング ・・・・・・・・・・・・・・・・ 81
ユニソン送り ・・・・・・・・・・・・・ 199	横道 ・・・・・・・・・・・・・・・・・・・・・ 152	ライバル ・・・・・・・・・・・・・・・・・・ 17
ユニット生産システム ・・・・・・ 214	汚れ ・・・・・・・・・・・・・・・・・ 84, 156	ラインシステム ・・・・・・・・・・・・ 213
輸入業者 ・・・・・・・・・・・・・・・・・・ 20	四つ穴ボタン ・・・・・・・・・・・・・ 147	ラインストーン ・・・・・・・・・・・・ 148
輸入申告書 ・・・・・・・・・・・・・・・・ 19	四つ折り縫い ・・・・・・・・・・・・・ 194	ラウンジウェアー ・・・・・・・・・・ 166
ゆるい（過ぎる）・・・・・・・・・・ 155	予約 ・・・・・・・・・・・・・・・・・・・・・ 220	ラウンドネック ・・・・・・・・・・・・ 70
よ	余裕 ・・・・・・・・・・・・・・・・・・・・・ 218	ラガーシャツ ・・・・・・・・・・・・・・ 70
良い ・・・・・・・・・・・・・・・・・・・・・ 225	余裕時間 ・・・・・・・・・・・・・・・・・ 212	ラグランスリーブ ・・・・・・・・・・ 75
要求 ・・・・・・・・・・・・・・・・・・・・・ 218	撚り糸 ・・・・・・・・・・・・・・・・・・・ 135	ラグランスリーブ丈 ・・・・・・・・ 35
用尺 ・・・・・・・・・・・・・・・・・・・・・ 113	よりむら ・・・・・・・・・・・・・・・・・・ 85	ラスター加工 ・・・・・・・・・・・・・・ 48
要素 ・・・・・・・・・・・・・・・・・・・・・ 218	四本針偏平縫いミシン ・・・・・・・・ 198	落下版レース ・・・・・・・・・・・・・ 168
羊毛番手 ・・・・・・・・・・・・・・・・・ 133	**ら**	ラッシェル ・・・・・・・・・・・・・・・・ 56
ようりゅう ・・・・・・・・・・・・・・・・ 53	ラーベン ・・・・・・・・・・・・・・・・・ 138	ラッセル編み ・・・・・・・・・・・・・ 133

ラッセルレース······· 167	リーファーカラー······· 73	両替所············ 221
ラップスカート······· 63	陸上輸送············ 21	量産············· 5
ラバー・コーティング···· 50	リコンファーム······· 220	領事館············ 219
ラバープリント······· 44	リザード············ 60	両頭············· 137
ラビット············ 59	リサイクル·········· 15	両頭機············ 133
ラベル············· 28	リジェットレース······ 168	量販店············ 11
ラペル············· 74	リスクヘッジ········ 22	両伏せ縫い········· 194
ラベル印刷機········ 204	リゾートウェアー····· 120	両面あぜ··········· 137
ラペル返り不良······· 89	立体裁断··········· 99	両面編み（機）······· 174
ラペル線··········· 102	リバーシブルコート···· 65	両面機············ 133
ラペル止り不良······· 88	リバーレース········ 168	両面サテン········· 168
ラミネート加工······· 49	リブ············ 56, 137	旅行代理店········· 219
ラム·············· 59	リブ編み··········· 174	リラ·············· 24
ラムスウール······· 142	リブ編みソックス····· 176	リラキシング······· 113
ラメ············· 169	リブきつ過ぎる······ 153	リンキング···· 139, 157, 182, 194
ラメ糸············ 143	リブゆる過ぎる······ 153	リンキングはずれ····· 154
ラン············· 153	リベット··········· 147	リンキング不良······ 154
ランジェリー········ 163	リボン············ 171	リンキングマシーン··· 198
乱反·············· 40	リボンヤーン······· 143	リンク············ 201
ランニングシャツ···· 173	リムジンバス······· 222	リンクス&リンクス··· 137
り	流行色············ 125	リンクス柄········· 177
リードマーク········ 84	両あぜ············ 136	

る

- ルーズソックス ……………… 176
- ルーパー ……………………… 201
- ループ ………………… 81, 170
- ループヤーン ………………… 144
- ルーブル ……………………… 27
- ルーム ………………………… 222
- ルピア ………………………… 26
- ルピー ………………………… 26
- ルレット ……………………… 100

れ

- レイアウト …………………… 180
- 冷却 …………………………… 161
- 礼服 …………………………… 67
- レインコート ………………… 66
- レーザー裁断機 ……………… 203
- レース ………………… 148, 170
- レース編み …………………… 138
- レース付け不良 ……………… 93
- レーヨン ……………………… 30
- レオタード …………………… 166
- レオパード …………………… 59
- レギュラーカラー …………… 72
- レザー ………………………… 58
- レッグウォーマー …………… 176
- レバー ………………………… 201
- レンガ ………………………… 130
- 連結（ミシン機構） ………… 201
- 連続時間測定法 ……………… 212
- レンタル ……………………… 18
- 連絡（待ち） ………………… 11

ろ

- ロイヤリティ ………………… 13
- 労務管理 ……………………… 207
- ローゲージ …………………… 134
- ローズ ………………………… 130
- ローライズ …………………… 68
- ロールアップスリーブ ……… 76
- ロールカラー ………………… 73
- ローン ………………………… 51
- 濾過器 ………………………… 161
- ロシア　ルーブル …………… 27
- ロシア連邦 …………………… 27
- ロス …………………………… 8
- ロス込み用尺 ………………… 114
- ロット ………………… 4, 210
- ロット現状表示 ……………… 210
- ロットサンプル ……………… 10
- ロビー ………………………… 222
- ロボット延反機 ……………… 202
- ロマンティック ……………… 121
- ロングスカート ……………… 62
- ロン・タイ …………………… 62

わ

- 輪 ……………………… 107, 110
- ワーク切符 …………………… 217
- ワークシャツ ………………… 67
- ワークパンツ ………………… 68
- Yシャツ ……………………… 65
- ワイヤー ……………………… 170
- ワイヤーフォーム・ブラ …… 164
- ワイヤーレス・ブラ ………… 164
- ワインカラー ………………… 130
- 脇縫い ………………………… 194
- 脇布 …………………………… 169
- 渡しまつり …………………… 194

渡り ・・・・・・・・・・・・・・・・・・・・・・ 38
ワッシャー加工・・・・・・・・・・・・・・・ 47
ワッペン・・・・・・・・・・・・・・・・・・・・ 147
割り押さえ縫い・・・・・・・・・・・・・・ 194
割り縫い・・・・・・・・・・・・・・・・・・・ 194
割りはぎ・・・・・・・・・・・・・・・・・・・ 194
割り伏せ縫い・・・・・・・・・・・・・・・ 194
割る ・・・・・・・・・・・・・・・・・・・・・ 194
悪い ・・・・・・・・・・・・・・・・・・・・・ 225
ワンショルダー・・・・・・・・・・・・・・ 62
ワンピース・・・・・・・・・・・・・・・・・ 63

を

〜をした・・・・・・・・・・・・・・・・・・・ 226

編者略歴

1957年　田中千代服装学園　デザイン科卒業

トミヤ河井㈱、住商繊維㈱、みやび産業㈱、遠東紡績（台湾）、イトキン㈱ などにおいて、チーフデザイナー、MD、企画マネージャーなどとして勤務。1988年より、海外生産商品の企画デザイン、情報提供などを専門とするカン・インターナショナルを主宰。過去15年間、IWS国際羊毛局の外部スタッフとして台湾プロジェクト、北京プロジェクトのコーディネーターを受諾。その後は台湾、香港、北京などのSPA立ち上げに協力、ジェトロの専門家など主に東南アジアで活躍。現在は国内の商品企画のアドバイスや、業界の出版物などの製作に従事。

■アパレル業界・日中韓英 ■対訳ワードブック	編　者	村尾康子
	発　行　者	松林孝至
	発　行　所	株式会社東京堂出版
		〒101-0051 東京都千代田区神田神保町1-17 電話 03-3233-3741 振替 00130-7-270

初版発行	2002年2月28日	組　　版	有限会社デジプロ
5版発行	2011年7月20日	印刷・製本	図書印刷株式会社

ISBN978-4-490-10597-1 C3560　　©Yasuko Murao Printed in Japan 2002